從基礎溝通到進階領導，
讓你從管理階層脫穎而出，實現職場巔峰

HIGH
EMOTIONAL
INTELLIGENCE

高情商HR的底層邏輯

王萍 著

藉由高情商領導力，贏得信任與支持

提升招募與培訓技能，有效進行績效面談
促進不同部門之間的合作，協調上下級衝突
挖掘情緒資源，提升敬業度

學習自我管理，輕鬆應對各類批評與挑戰

目錄

目錄

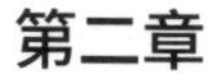

第二章

高情商 HR 的向上管理

第三章

高情商 HR 的平行管理

第四章

高情商 HR 的向下管理

進階篇
通往 HRD 的必備技能

第五章
通往高情商 HRD 之路，你必備的 CEO 思維

第六章
運用高情商的視角，洞悉職場難題

第七章
運用高情商輔導，推動組織領導力

目錄

第八章

撬動情緒資源，推動全員敬業度

結語

一位 HRD 的職場心得

推薦序一

HR 在企業中的作用重要嗎？答案有不同的結果。說重要的，說明 HR 在企業中發揮著重要作用；說不重要的，說明 HR 的職能未能發揮出來。HR 為什麼沒有發揮好作用，據我多年的經驗總結，一個優秀的 HR 應具備以下方面的能力：懂業務，懂管理，專業技能突出，心大、心狠卻心靜如水，勇擔當、抗壓性高，容不得差錯、忍得了委屈，情商高、善於溝通……

只有具備這些，他們才能在職位上游刃有餘，大家認可，自己的職業才能有好的發展。一些企業在選拔 HRD（Human Resource Director，人力資源總監）時，一切以業務導向找人，即從業務部門調人來管 HR，其實這樣的案例成功的並不多，大都以失敗而告終。因為他們用業務的思維來管人（做事、做業務），卻忽視了 HR 本身就是一個專業，需要有自己的專業知識，更需要懂得如何與管理業務的人建立良好的溝通關係；把自己的想法、公司的策略裝進他們的腦中，把他們的需求和想法轉化吸收到自己的腦中，真正做到上下同欲，目標一致，這樣才能把 HR 做好，而要做到這點就必須擁有高情商。

推薦序一

在 HR 產業的這些年裡，我看過很多書，看到朋友裡的 HRD 們在不斷變換自己的頭銜，大都是同級流動，上升的不多，降職、轉行的卻不少。大家的起伏變化原因很多，其中一部分就是「情商在作祟」。情商高可以潤滑 HRD 前進的車輪，助他們高速運轉而不磨損。

一個高情商的人一般都具有以上的特點，而情商低的人往往自我封閉，不與人交流，甚至拒絕交流，這樣的人在職場肯定不能呼風喚雨。如何有效解決情商低的問題，我們可以藉助外力來幫助改善提升。

王萍老師正是基於這個痛點，14 年來一直研究情商這門學問，透過訪談多家企業、眾多企業 HR 管理者，提煉眾多管理情境、眾多的 HR 管理痛點，從業務的視角、人性的角度，撰寫出本書。

這是一本來自實戰情境、理論體系比較完善且學以致用的經典好書。人們心目中的 HRD 是什麼樣？當然都希望他是一個八面玲瓏、十八般武藝樣樣皆知，與人交流中什麼疑難雜症皆可化腐朽為神奇的「神人」。如何能成為這樣的「神人」呢？王萍老師這本書很好地告訴我們，從基礎環節的高情商 HR 自我管理、向上管理、向下管理和平行合作，到高階的 HRD 必備技能。

HRD 做到了上下左右的溝通，還能用情緒資源推動敬業度，那他就成為六邊形戰士了。因此，王萍老師的這本書從內容設計上就與眾不同，有獨特的視角，緊緊抓住 HRD 們的困惑。透過書中的技法，鬆綁了 HRD 的束縛；掌握了這些知識，就可以大膽的，勇於去做各種溝通。

該書不僅教會了 HRD 的技術，更是解放了 HRD 的思維，解放「三腦」，即「CEO 靈魂之問」、「用業務大腦來思考」、「懂比愛重要」，這樣的觀點較為新穎，也非常切題。其實一個 HRD 為什麼做不了管理，「挾泰山以超北海，此不能也，非不為也，為老人折枝，是不為也」。「不為」就是心理作祟，就是大腦的問題。

解放大腦則解放了胸懷，有了胸懷自然可容大海，何愁移不動管理道上的「泰山」。

觀今鑑古，每一位有成就的人士，無不都是高情商的人，否則他怎麼會籠絡一幫志士與他一起共創偉業呢？忽視高情商，等於你忽視了好資源，丟失了自己成功的助力器。不重視情商管理，你的情商下降甚至變成低情商者，這樣的人注定不會成功，也不可能去管好人，更無緣成為一名優秀的 HRD。

一本好書如一杯好茶，細談細品才知其好味，王萍老師的這本書就如一杯好茶，讓 HRD 道路的同行者，細品出自己欣賞的人生。

潘平

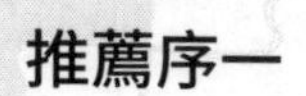

推薦序一

推薦序二

首先非常感謝本書作者王萍女士誠邀我此次作序，本人從事投資領域二十餘載，經歷過很多企業的創業成功，不乏多家已上市公司，也遇見不少企業的創業失敗，借本書主題，淺談一點在組織行為中的體會。

作為生物技術及醫療健康領域的 VC（Venture Capital）創投機構，我們在投資早期專案的時候，除了評估創始團隊過往學習和工作經歷與創業方向的匹配度、核心產品的競爭格局等業務角度以外，有一個更為重要的指標是對人的評估，三個關鍵點：創始人的領導力、創始團隊的執行力、創始團隊 All In 的精神。因為一流的團隊如果做一流的事情，成功機率會大幅提高，而一流團隊定義的關鍵在於上述三點。

學術界和工業界同樣都有較深造詣的不同科學家團隊，但創業成果有時會大相逕庭，相當程度上就是因為領導力、執行力和 All In 精神差距甚大，而這與高情商溝通與管理息息相關：能將一家企業帶到一個相當高度並能保持可持續增長的創始人，他的領導力一定是多元化的，其「溫柔而堅定」的情緒力則至關重要；高執行力的創始團隊往往需要建立良好的內部合作機制，而既勇於覲見又恰到好處的相互溝通十分關鍵；All In 精神如果已經成為一種企業文化，其底層邏輯必然是強烈的目標使命感和工作成就感，同樣也需要精神情緒的不斷建立並強化。

所以，當下無論我們處在任何一家企業，企業無論處於任何一種階段，只要還在創新、創造、發展的過程中，大家都有必要去學習或了解「高情商溝通與管理」，應該可以幫助到各位有機會提升各種不同情形下的事件處理能力。

作為 14 年職業培訓師的作者，透過書中的 40 個案例進行比較分析，全部來自於真實情境，突破了很多情商書籍飄在空中的瓶頸。其中，一部分源於作者實際培訓中的現場案例剖析，一部分源於作者私教學員的職場難題輔導，還有一部分源於作者對企業 HR 訪談中的棘手問題。另外，書中的理論有原創也有沿用，閱讀時既覺得博大精深，又感覺親近。原創如「雙 C 模型」和「艱難談話三部曲」，其記憶性與實用性，絲毫不遜色於任何前人的理論；而沿用如「溝通漏斗」和「情緒 ABC 理論」，其生動性與實踐性，在我看來更勝於原創者的解讀方式。

讀完這本書，若能將書中的精髓深度掌握並運用於日常工作與生活中，相信無論您是企業的創業者還是中高層甚至是普通員工，必將有所收穫，也許您透過高情商溝通與管理的學習，可以開啟一扇在職場上泰然自若且得心應手的心靈之門！

王鍇

推薦序二

自序

一、作為情商講師，我為什麼將人生中的第一本書定位於高情商 HR？

1、我所體會 HR 的現狀

在我過往 14 年的職業講師生涯中，去過國企、外企和私企，學員從新人到主管、高階主管、CEO，職位從業務、客服到 IT、財務，甚至大學，但印象最深刻、交往最頻繁的就是各類企業的 HR，因為 HR 決定或左右著我的課程是否能進入該企業，所以最開始 HR 都是我的資方，但隨著我的情商課程進入企業並深入人心之後，我開始有機會了解資方華麗的外表下苦澀的內心……

1. 與日常有關的鬱悶

隨著我和 HR 的深入交往，除了上述這些直接與培訓相關的苦水，我還有機會聽到更深入的吐槽……

自序

情境一：業務老大說要開除人，自己不動手非要 HR 出手，我們總是做得罪人的事！

比如，市場部總監要開除一個員工，郵件邀請 HR 直接來談解聘，我們說「您的權限其實可以不需要透過 HR」，他回覆「考慮到這個員工的解聘還涉及競業條款，會比較麻煩，煩請 HR 透過專業的方式來處理，謝謝」。「謝謝」這兩個字真的是意味深長啊……

情境二：老闆制定了新規則，部門負責人都不配合執行，最後就是 HR 辦事不力！

比如，老闆提出「員工晉升的人力成本」問題，讓 HR 制定了「兩次晉升之間不能低於三年」的新規則，而我們下達時遭遇各部門負責人的炮轟：什麼狗屁規定，你們 HR 懂不懂，現在要留住得力幹將不給晉升還能給什麼？如果沒到三年他要提離職，我們怎麼辦？！好吧，我們最後回覆老闆還得挨批……

情境三：都說人才發展重要，HR 殫精竭慮完成了規劃，老闆問能帶來多少收益！

比如，高階主管會議上的三年規劃，老闆特別強調了人才發展的重要性，於是，會後我們整合了三方機構和 OD（Organisation Development，組織發展）專家，做出了符合三年規劃的人才發展計畫，並提出預算申請，此時，老闆瞄了一眼計畫只問了一個問題：「這筆投入能帶來多少的營收增長呢？」於是，三個月的努力就此悠然地畫上了句號……

2. 與培訓有關的苦澀

情境一：明明是滿足業務部門的培訓需求，怎麼到頭來反倒成了他們配合我們？

比如，培訓考勤的 KPI 往往不由業務部門承擔，而是由 HR 負責，所以，一到培訓現場我們就得承擔催促和提醒的工作，可是這項工作本身沒什麼問題，有問題的是當我們催促、提醒甚至懲罰了，業務部門的老大和員工就不開心了，但他們更應該思考：嘴上說培訓很重要，可真正開始培訓時為何優先順序卻自動排名最末？

情境二：明明是他們說要找大咖來培訓，怎麼我們千挑萬選請來後卻又給差評？

比如，銷售總監提出團隊業績需要提升，希望聘請銷售領域的大咖來培訓，我們趕緊連繫培訓機構開始挑課程、選講師，而這兩天培訓的挑選標準與流程，絕對不亞於任何一項百萬預算的篩選 SOP，結果大咖講完課，他們卻輕描淡寫地評價了八個字：講得不錯但不切實。我們 HR 也太難了！

情境三：明明是他們提出以融合為主，怎麼培訓結束卻又跟老闆告我們的狀？

比如，幾位業務負責人聯合提出「跨部門合作」的需求，還特別說明「培訓為輔融合為主」，難道拓展培訓不是最符合要求的嗎？於是，我們千辛萬苦地實地考察並挑選供應商，可誰曾想拓展結束，幾位負責人跟老闆告狀說「平常工作已經很累了，HR 居然還安排這麼折磨人的拓展，居心何在」！我們 HR 也太冤了！

3. 與 HRD 有關的困惑

情境一：業務部和生產部起衝突，老闆拍板請 HRD 去輔導，卻說 HRD 領導力弱，還不服！

假設業務部門和生產部門因出貨問題吵了一架，事發過程必然搬出了老闆，當老闆定奪後找來 HRD：「你得干預一下，讓他們以後能好好合作。」說實話，這要求真不過分，可問題是，我盡心剖析各自問題，他們不僅不買單，還說我不懂！

情境二：為推動員工敬業度，展開蓋洛普（Gallup）敬業度調查，老闆問 HRD 為何這麼低！

推動員工的敬業度是 HRD 的重要責任，當老闆看到蓋洛普調查結果，哪怕是匿名形式的部門平均分數數，都多半會用疑惑或質疑的眼光審視我：「為什麼員工福利這項支出每年都在提高，但敬業度卻這麼低呢？」說實話我也很無語！

情境三：作為 HRBP（Human Resources Business Partner，人力資源業務夥伴）的老闆，輔導他們做好人事與業務之間的平衡，何其之難！

HRBP 是人事與業務之間的橋梁，除了快速回應業務的需求，更需要平衡好業務與人事之間的關係，大多經驗豐富的 HRD 有能力做好平衡，但要輔導好 BP 做到經驗的萃取與傳承，而且還要讓BP覺得自己的工作不委屈，真心很挑戰！

總之，HR 簡直就不是人幹的，累死累活不說，自己的 KPI 沒完成是問題，就連其他部門的 KPI 沒完成，好像也是 HR 的問題！更氣的是，居然還有很多人說 HR 是門檻最低的職位，是個人就能當 HR ！就連 HRD 似乎都低人一等，跟平行部門的負責人相比，最多能和行政部門主管相提並論，唉，命苦。

◆ 2、我能帶給 HR 的未來

「命苦」的 HR 到底應該擁有怎樣的未來，這是我經常思考的問題，在我看來，HR 是企業中最特殊的職位，特殊於：有機會和公司內部的所有人打交道，而且還得為所有人負責；關係著除了老闆以外所有人的去留與發展，既可能被所有人巴結，也可能被所有人吐槽；手握與人相關的權責，有可能成為老闆身邊最信賴的人，也可能成為公司裡最沒有存在感的透明人。所謂成也蕭何，敗也蕭何，HR 可能比任何職位都更擁有成就感，也可能在公司內部最沒有存在感。

自序

你希望自己的職場未來是怎樣的一幅畫面呢？

如果你渴望不再有如履薄冰之感，反而還能游刃有餘地處理各種麻煩，同時在平行部門中擁有如魚得水般的人際關係，而且還是 CEO 眼裡具有話語權的紅人，那麼，這本書就是讓你通往這款 HRD 的寶典。因為我從內而外地為你賦權，所謂的「內」，指的是內在力量，如何透過翻轉信念來擁有積極情緒；所謂的「外」，指的是外在能力，如何透過情緒雙贏來擁有漂亮解決問題的能力。

關於這本書，我還想對你說：

這是我 14 年職業培訓師的精華筆記，以實戰為核心的方法論，其中的案例一部分取自培訓課堂的案例解析，一部分取自於私教學員的案例輔導。

如果你是 HR、HRM（Human Resources Manager, 人力資源經理）、HRD，請務必將它讀完，並好好去實踐；同時，如果你還能送幾本給同行或公司的管理者，相信我，他們一定會感謝你。

我的很多主管學員告訴我，這本書非常適合作為管理層的共讀教材，尤其是敬業度的部分，「共讀＋研討＋培訓」能夠卓有成效地提升組織凝聚力。

如果你透過實踐這本書的方法取得了好成績，請一定要告訴我。

前言

一、以人為本的時代，HR 所必備的六大模組以外的情商力

◆ 1、HR 需要擁有洞察問題根源的判斷力

1. 一個低情商案例，還原職場的典型問題

業務接到了客戶臨時需要提前出貨的電話，一聽跟合約要求不一樣，一定有情緒，但面對客戶，有情緒也必須忍啊，所以，業務此時往往只能擠出笑容，說「我盡力、我想辦法」。掛了這通電話後直接撥通了生產部的同事：「兄弟，幫個忙，那批貨幫我提前一個禮拜。」 那邊兩個字：「不行！」 瞬間，業務的脾氣就上來了：「怎麼不行怎麼不行？我跟你說，這個客戶可是我談了半年才談下來的……」

嘰哩呱啦又說了一堆，對方仍然淡定的兩個字「不行」！這下業務的火更大了，電話掛掉之後，接下來直接找經理哭訴。於是，第二輪，業務經理對戰生產經理，而如果

這兩位都是不好惹的角色，再接下來，第三輪肯定就捅到了高階主管或大老闆。那麼，越到高層越得拍板，而如果你是老闆，你會拍誰贏呢？這個問題我也採訪過好多學員，此刻幾乎無一例外的人們都說「業務贏」！為什麼呢？因為業務基本上在企業內部都是重點角色。

但要命的是，老闆拍完板叫來了 HRD：「業務部門和生產部門總是這樣亂搞，你去好好解決一下，看看為什麼他們總是不能做到跨部門合作！」

看到這，多半你已經撲哧一笑，但如果你也是 HRD 或 HRM，猜想你會哭笑不得，畢竟這樣的問題，幾乎每個企業都存在，但要解決何其之難！回到業務部門和生產部門的衝突，他們各自回顧這段失敗的溝通，他們都會認為問題源於到底應不應該提前一個禮拜出貨，可是這真的是問題的根源嗎？顯然不是，同樣這個問題，換一個業務員或換一個生產部門的員工，也許就可以愉快地解決，但為什麼類似的案例在任何一個產業、任何一家公司，都會頻頻出現呢？

2. 用高情商視角，洞察問題的真正根源

我相信你在工作中，目睹上述跨部門情境的機會一定不低，甚至還有可能遇到老闆拍完板，讓你去善後的尷尬情境，為什麼我會用「尷尬」來形容呢？因為，此刻於你而言，真的是左右為難，這「善後」到底應該糾誰的錯，如何糾呢？畢竟，在日常的工作包括生活中，當我們回顧一段極其失敗的溝通當下，我們的腦海當中，更容易蹦出來的是雙方今天觀點的迥異，比如說，這批貨到底是應該提前一週出，還是按合約約定出；或者，面對客戶的投訴，到底是業務部應該承擔責任，還是物流部承擔？又或者，面對孩子的磨蹭，到底應該是用爸爸的黑臉政策，還是媽媽的白臉政策。其實，這些分歧並不重要，真正重要的是在溝通過程中，一方或雙方的情緒才是真正決定這段溝通走向的成敗要素。如前所述，溝通的崩盤往往不是因為 AB 兩個人的觀點不一致，而是在兩個人不一致觀點溝通的過程中，因牴觸的情緒而導致崩盤。為什麼情緒才是罪魁禍首？因為你讓我不爽，我就是不願意聽你的！我們回到上述案例：如果這個問題擺到了 HR 面前，或者鬧到了老闆那兒、老闆請 HR 經理出面解決，你該怎麼處理呢？

業務在電話裡趾高氣揚地對生產人員說「趕緊提前一個禮拜」，生產內心的 OS 是：什麼？哎喲，又來這一齣，你以為我們生產部門就是這麼被呼來喝去，計畫隨便就可以改的嗎？！而面對生產同事兩次淡定的回答「不行」，業務內心的 OS 又是什麼？我每天被客戶喚來喚去，你們不是號稱後勤部門嗎，你們到底在這後勤什麼！所以，從業務的角度來解析，任何一個產業中前端打仗部門和後端後勤部門之間的

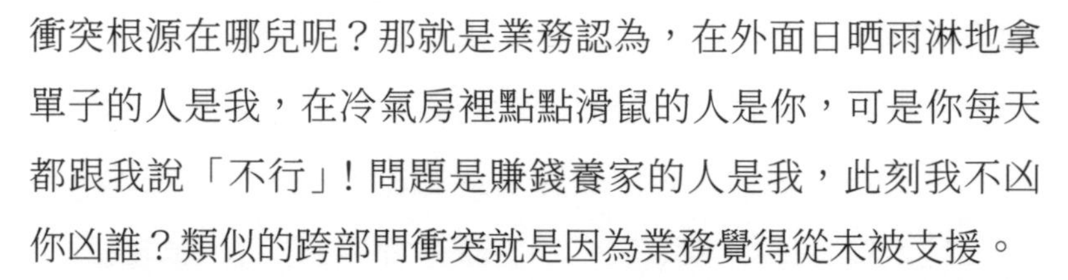

衝突根源在哪兒呢？那就是業務認為，在外面日晒雨淋地拿單子的人是我，在冷氣房裡點點滑鼠的人是你，可是你每天都跟我說「不行」！問題是賺錢養家的人是我，此刻我不凶你凶誰？類似的跨部門衝突就是因為業務覺得從未被支援。

當然我也知道後勤部門的人內心會無比的委屈，難道後勤就代表的是迎合嗎？當然不是，在我解析什麼才是高情商的溝通力之前，我們先明確一點：溝通崩盤的真正原因，不是分歧的觀點，而是牴觸的情緒。於是，就算一方說的再正確，另一方也不願意接受。

因此，當你具備了如此高情商的視角，未來你在糾錯前才能真正洞悉問題的根源。事實上，糾錯並不是重點，而是你得有能力讓雙方真正看到自己的問題在哪裡。如果你只是就事論事地剖析「觀點」的分歧，他們雙方都會不服，但如果你能讓他們感受到為什麼對方會如此「不爽」，「理解」的按鈕才有機會被啟動，共識才有可能產生。否則，雙方都會搬出充分的理由來說明對方的無理，而留下一個尷尬的你在火藥味中搖曳……

◆ 2、HR 應具備「魚和熊掌可以兼得」的思維力

所謂問題可以漂亮的解決，其實就是在權衡利益和關係有衝突的前提之下，如何更好的平衡並找到雙贏方案。就好

比上述跨部門的案例，我們常常會認為部門不同、利益不同，必然就會引發分歧，所以 HR 往往面臨著在利益衝突下還要保持關係良好，這似乎是魚和熊掌不可兼得的關係。可是，在情商的世界裡，魚和熊掌可以兼得，那如何在兩者衝突之中仍然能夠去化解呢？其實就是掌握好「情緒」這條線。換言之，觀點或利益可以有分歧，但是如果拿捏好了雙方的情緒，那我們仍然有機會平靜甚至愉快地達成共識。

◆ 3、HRD 必備的提升全員敬業度的推動力

1. 我知道工作對我的要求嗎?
2. 我有做好我的工作所需要的資料和設備嗎?
3. 在工作中，我每天都有機會做我最擅長做的事嗎?
4. 在過去的六天裡，我因工作出色而受到表揚嗎?
5. 我覺得我的主管或同事關心我的個人情況嗎?
6. 工作職位有人鼓勵我的發展嗎?
7. 在工作中，我覺得我的意見受到重視嗎?
8. 公司的使命目標使我覺得我的工作重要嗎?
9. 我的同事們致力於高品質的工作嗎?
10. 我在工作職位有一個談得來的朋友嗎?
11. 在過去的六個月內，工作職位有人和我談及我的進步嗎?
12. 過去一年裡，我在工作中有機會學習和成長嗎?

前言

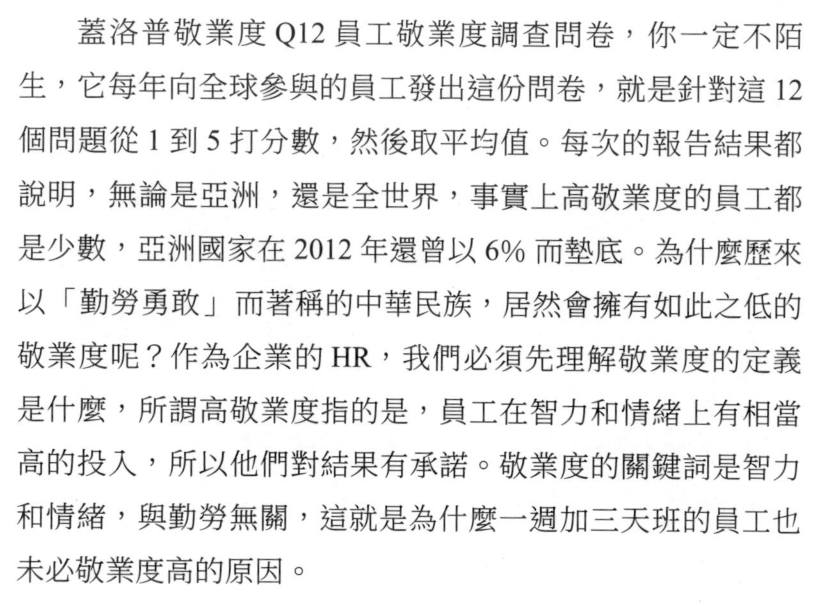

蓋洛普敬業度 Q12 員工敬業度調查問卷，你一定不陌生，它每年向全球參與的員工發出這份問卷，就是針對這 12 個問題從 1 到 5 打分數，然後取平均值。每次的報告結果都說明，無論是亞洲，還是全世界，事實上高敬業度的員工都是少數，亞洲國家在 2012 年還曾以 6% 而墊底。為什麼歷來以「勤勞勇敢」而著稱的中華民族，居然會擁有如此之低的敬業度呢？作為企業的 HR，我們必須先理解敬業度的定義是什麼，所謂高敬業度指的是，員工在智力和情緒上有相當高的投入，所以他們對結果有承諾。敬業度的關鍵詞是智力和情緒，與勤勞無關，這就是為什麼一週加三天班的員工也未必敬業度高的原因。

那麼問題也來了，管理者最難推動的，到底是員工的智力還是情緒呢？這個問題我也採訪過很多中高階主管，無一例外的回答都是「情緒」，因為智力既包含與生俱來的智商，也包含後天與職業相關的技能，顯然，前者與管理者無關，後者管理者可以推動，但坦白說「情緒」這個要素就相當難。這也是 Q12 的大部分問題，其實都是針對員工感受而設計的原因，換言之，如果管理者越能激發員工的積極情緒，他們的敬業度就會越高。也因此，日常企業為了推動敬業度而做的努力，比如：升遷、加薪、福利、放假和團體活動，實際上也多半不太會奏效，或者說，效果很短暫，而正解在於提升管理者的情商領導力。所以，如果 HRD 能夠成功推動管理層的情商領導力，那麼，全員的敬業度均值就一定會提升。

二、本書的理論依據與章節脈絡

◆ 1、情商認知的常見失誤與正確知識

1. 常見失誤的兩點風險

高情商就是那些特別會說話的人，我相信你對這個觀點應該很熟悉，的確，日常人們判斷一個人的情商高或低，基本就是看他到底會不會說話，但實際上，我想告訴你，這樣的判斷是有風險的，為什麼呢？

「會說話」這三個字說得通俗一點，就是說服他人的能力比較強，但風險之一是：我說服了他，我並不一定爽！比如，業務搞定了客戶、簽完了單，可是自己心裡不一定痛快；HR 搞定了業務部門的需求，但自己心裡卻很委屈。風險之二是：他被我說服了，但他不一定爽！這個「他」有可能是你的下屬，有可能是你的小孩，甚至還有可能同樣是你的客戶。我曾聽過不同產業的客服電話，我發現一部分的投訴電話裡，都是客戶用強大的負面情緒壓垮了客服，然後客服沒辦法，破例為客戶做了申請、解決了問題。可是你知道嗎？客戶還是很不爽！

如果你是 HR，你有沒有過類似的體驗呢？當你搞定了內部客戶（跨部門同事），比如一個新的人事政策下達至各個部門，負責人都很不爽但又不得不執行，因為你擁有尚方寶劍——KPI 考核權。所以，看似用溝通解決了的問題，但只要有一方不爽，那就是僅僅關注「會說話」這三個字的風險。

2. 情商認知的正確知識

真正高情商的「會說話」需要遵循這四個字：情緒雙贏，意思就是雙方或愉快或平靜地達成共識，但我相信你應該沒有聽到過這四個字，因為我們日常更多知道的是「溝通雙贏」。

現在我們來探究一下職場中以下三類關係的溝通：第一類，你和你的老闆意見嚴重分歧，誰贏？此刻你一定不假思索地會說「當然老闆贏了」，對呀，這是連 HR 都不需要安排培訓，人人就都懂的問題；第二類，你跟你的外部客戶溝通，意見分歧特別大，誰贏的機率高呢？這個問題我採訪過很多學員，大部分人的回答同樣很一致「客戶」，為什麼？只要客戶是資方，我們是勞方，多半都是資方逼死勞方嘛；第三類，你和你的同級同事溝通，意見迥然，這個時候誰贏？哈哈，學員此刻的表情往往開始變得「詭異」，反正呢，歸根到底一句話，誰嗓門大誰贏！

所以，溝通大多數都是單贏，弄得不好還會雙輸，什麼是雙輸的溝通呢？它指的是溝通結束我們看似已然達成了共識，但其實雙方都很不爽！那麼，高情商的溝通力表現在：未來面對分歧，你擁有愉快或平靜與他人達成共識的能力。

◆ 2、兩大核心能力，揭開情商的神祕面紗……

心理學家把智商以外的諸多能力都涵蓋在了情商當中，而情商之父丹尼爾·高曼（Daniel Goleman）是用五個板塊來解析情商的，那麼，我從便於歸類和記憶的角度，將它歸為了英文的兩個 C，第一個 C 是對內的 Control，也就是駕馭情緒，第 2 個 C 是對外的 Communication 人際溝通。

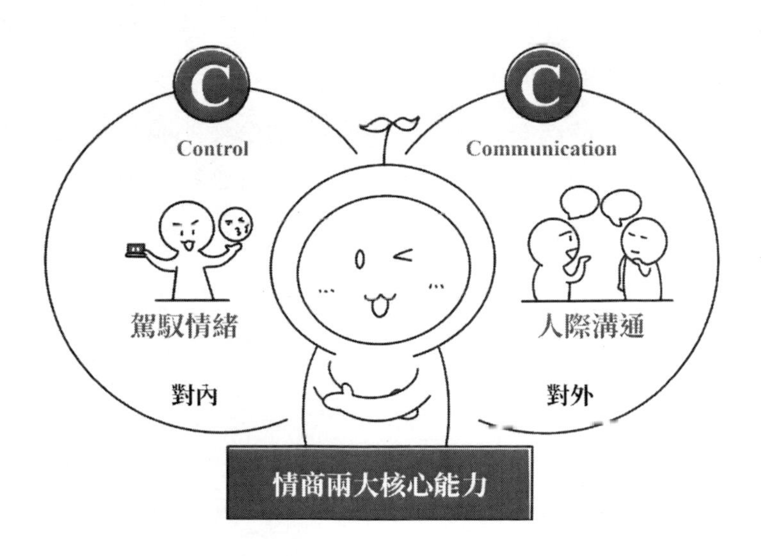

1.Control —— 如何理解駕馭情緒

也許你的心中會冒出一個問號：Control 這個英文單字不是應該翻譯為「控制」嗎？但為什麼我翻譯成「駕馭」呢？因為它可以拆解為控制情緒＋管理情緒。那麼，控制情緒等於管理情緒嗎？你一定說「不等於」，但問題是，日常我們嘴上都在說「情緒管理」這四個字，但我發現多數人們心裡想的僅僅是「情緒控制」。

曾經，我時不時地採訪學員這樣的一個問題：「唉，你覺得自己是一個情緒管理能力強還是弱的人呢？」大部分學員都跟我說：「老師，我覺得自己還可以啊，尤其在工作中。」聽完這個答案，我笑笑說：「那後半句話我是否可以理解為，在工作中我們更能忍呢？」你看，這就是日常人們真正對情緒管理的理解。

事實上，情緒管理是第二步，而情緒控制是第一步，你得在控制的基礎上才能積極管理，而控制確實就是忍住不發飆，但管理是化消極為積極的一種能力，所以，管理的境界一定比控制要高，但是請記得，控制是第一步。可是你知道嗎，心理學家透過研究得出一個結論：相比較於職場，人們更容易在生活中失控，這是為什麼呢？

因為在工作中你很清楚地知道，情緒失控會有很嚴重的後果，比如，同事間衝突可能會讓老闆不滿，客戶投訴還可能被炒魷魚，但是在生活中人們本能地會以為：我再怎麼發飆，也沒啥後果，因為那誰誰他不是還是我的誰誰嗎？你看，孩子終歸不會因為我罵了他，他就不是我的孩子了吧？這就是為什麼生活中的親密關係相處，其實比職場的人際關係相處更難的原因。因此，在這本書裡，我也會舉一些生活中的案例，讓我們未來也能夠更好地與家人相處。而且，我在此就可以大膽預測：如果你的親子關係能力提升了，那你的職場向下管理能力一定會大大提升哦！

我們回歸到職場來深聊「控制情緒」，情緒控制好了不發飆，是不是等於問題就能很好地解決了呢？當然不等於，你還記得之前業務部和生產部的衝突嗎？當業務接到客戶提前出貨電話的那一刻，心裡明擺著是有情緒的，但是他忍了，說白了就是不敢發飆，但忍住的情緒接下來的結果是什麼呢？就是引發了後續一系列的跨部門衝突。所以，我們更需要在「忍」的基礎上，真正擁有積極管理情緒的能力，那麼你的溝通才會變得不一樣。我在培訓中，經常和業務部門的學員分享：高情商的業務，從來不做二傳手，他們會先管理好客戶的期待值。比如，業務接到客戶電話後會這樣說：「提前出貨確實會對我們的生產計畫有很大的影響，但是我也理解您那邊一定出了一些狀況，所以我可以詳細了解一下嗎，我來看看有沒有其他方法同樣可以解決您的問題呢？」

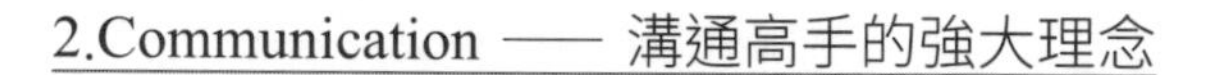

2.Communication —— 溝通高手的強大理念

上述高情商業務的那段溝通，你一定覺得確實不錯，可是你知道溝通真正「不錯」的前提是什麼嗎？那就是業務不會因為聽到客戶臨時調整計畫，而一下就有情緒！因為在高情商的認知世界裡，他非常清楚地知道以下這條理念：所有的負面事件背後，隱含著一個正面動機，怎麼理解呢？客戶要提前出貨這件事，對業務來說是一個不期待的負面事件，可是常常人們一聽到負面事件，本能就會有情緒，因為業務瞬間產生了一個想法：他又要來亂！而高情商業務想的是：他應該出了些狀況，客戶臨時變化的背後，一定有一些站在他角度的合理原因，所以我可以去深入了解並幫助他解決。

因此，當我們的心裡想法不一樣，我的情緒就會變得不同，當我骨子裡認為，客戶就是一天到晚來無理取鬧、胡攪蠻纏的，我一聽到變化就會有很大的牴觸情緒，但因為不敢發飆，所以我就把情緒發洩到了內部部門的同事。而當我內心的想法是上述高情商的思考，我才會帶著好奇而非牴觸的情緒去了解狀況。

高情商的溝通力 Communication，它非常重要的一個前提，就是你能夠在控制情緒的基礎上，擁有積極化解情緒的能力 Control，如此一來，你才能擁有平和甚至積極的心態去面對負面事件，於是你就會驚訝地發現，自己解決問題的能力也提升了。因此，溝通是你看得見的一個能力，而情緒管理卻是隱藏在其後更強大的一個能力，這也是為什麼高情商的人，他們總能夠漂亮地解決問題，這個「漂亮」指的是：既不讓自己失控發飆，又能讓對方也比較平靜，同時還能把卡住的問題和諧地解決。所以，不委屈、不迎合，有能力說出自己的心理話；不爭吵、不失控，還能照顧對方的感受，這才是真正意義上的高情商。

總之，高情商絕不僅僅只是會說話，它是一種倍增你專業技能的武器，最終讓你擁有既能把事件擺平，還能把關係理順的超能力。那麼，高情商 HRD 能夠輔導管理層的領導力，加速企業內部的凝聚力，推動整體的敬業度，還坐擁 CEO 的支持。敲黑板：專業技能強大，但情商不在線，那麼一切歸零。

◆ 3、邁向高情商 HRD，本書為你設計的路徑……

本書的脈絡並不複雜，分為基礎和進階兩大篇章，基礎篇〈優秀 HR 的實戰運用〉，進階篇〈通往 HRD 的必備技能〉。實戰運用篇分為四個章節，分別是自我管理、向上管理、平行管理和向下管理；必備技能篇也分為四個章節，分別是思維模式、洞悉問題、輔導能力和敬業度。

每個章節主要都會以案例和情境來切入，再進入問題剖析和方案解析，所以內容通俗易懂，又相當親民。而且，每章絕不僅僅以 HR 的視角來展現問題，而是以高情商所關注的「人性」為視角，讓 HR 人力資源或非人力資源職位的你，因為掌握人性而擁有「溫柔而堅定」的情緒力，以及「敢說不得罪人」的溝通力。敲黑板：高情商 HR ＝「溫柔而堅定」的情緒力＋「敢說不得罪人」的溝通力。

基礎篇

優秀 HR 的實戰運用

成為一名優秀的HR，首先要成為一位高情商的職場人，那麼，高情商的職場人最重要的一項能力，就是擁有駕馭自己情緒的能力，也是前言中我們提到的第一個 C —— Control 情緒駕馭力，它包含兩層：

1. 控制情緒；
2. 管理情緒，換言之，單單「忍」而不發飆，並不是高情商的展現，你更需要擁有的是化消極為積極的能力。而且，只要你坐擁高情商駕馭情緒的能力，你的第二個 C —— Communication 人際溝通力自然就會倍增。

因此，在本篇的第一章「自我管理」中，我會深度解析情緒與溝通之間的關聯，然後再為你展現駕馭情緒的理論和方法；之後的「向上管理」、「同級管理」和「向下管理」這三章中，我將以案例為切入點，為你剖析其背後為人所忽略的真實原因，並為你呈現高情商的解決方案。

為什麼開頭是自我管理呢？因為當你對自我擁有了敏銳的覺察力，並獲得了相當的掌控力，才能夠提升對他人的影響力。尤其是 HR 在企業內部是最特殊的職位，有機會和各個職位甚至每個人發生關聯，如果你不希望只停留在服務或配合其他部門的角色，更希望展現 HR 的專業和影響力，那麼，自我管理篇的情緒主線與三大工具，將是邁向這個目標的核心理論基礎，之後的向上、平行與向下管理篇則為你開啟實戰環節。

第一章

高情商 HR 的自我管理

既然自我管理是邁向成功的基礎，那麼，到底哪些板塊屬於自我管理的範疇呢？從情商的角度，人們可能最容易聯想到的就是自我情緒管理，但我認為這是一個高階能力，因為它不是忍而是化解，所以，在達成這項高階能力之前，你必經以下三個思維疊代的階段：1. 情緒雖然看不見摸不到，但它為何是溝通和問題解決的關鍵按鈕；2. 溝通常常「溝」了不「通」，到底誰應該為這糟心的結果負責；3. 想擁有高手的溝通力，你的底層邏輯應該怎樣打下堅實的地基。這三階段通關成功，你才能順暢地進入「高手底層邏輯的樓宇搭建」階段，也就是成為有情緒但又情緒平穩、講事實但又相當往心裡去的高級感滿分的職場紅人。

因此，第一節的「情緒認知」是貫穿全程的主線，之後三節的「溝通失敗誰買單」、「底層邏輯入門篇」和「底層邏輯進階篇」，將為你呈現三大顛覆思維的模型與工具，讓你帶著全新的自己進入第二章的實戰篇。

你的溝通為何總陷入崩盤或尬聊

【請你帶著這些問題閱讀】

就事論事，你認為真的可行嗎？

裁員面談，HR 如何掌控局面？

安撫情緒，你是真正的高手嗎？

紐約大飯店曾經有這樣一句名言：When you come to hotel, please lock your emotion at home. 當你來飯店工作時，請你將情緒鎖在家裡。

這一句話，從情商的視角來看可謂「沒有人性」，為什麼呢？如果你是一個正常人，有多大機率能做到「前一秒和家人大吵一架，後一秒則鬥志昂揚地投入工作」呢？同理可推，在職場無論對外還是對內的問題處理中，明明雙方已經陷入了劍拔弩張的氛圍，又有多少人可以做到「撇開情緒只談事件」呢？

溝通中弄丟了情緒有何結果？

「為了設定的目標，把訊息、思想、情緒在個體或群體間傳遞，並達成一致的過程」，這是管理學家對於溝通的標準定義。我們先聚焦「訊息、思想、情緒」這三個要素，如果我問你：在日常溝通中，你更關注傳遞的是什麼呢？我猜想你多半會選擇「訊息」，可是，我邀請你再回看這三個賓語之間的關係，我相信此刻你開始意識到它們應該是並列關係，所以，從理論上來說它們是等同重要的。由此，這也帶給了我們一個重要的思考題：溝通為什麼總是「溝」了不

「通」呢？因為我們太忽略其他兩個因素尤其是「情緒」，它真正的影響力是：在未來你的溝通中如果忽略「情緒」的影響，其結果就是你想傳遞的「訊息」一定會大打折扣。

比如，在生活中我們很容易這樣與孩子溝通：「你為什麼不好好吃飯？你為什麼不好好寫作業？你怎麼今天又被老師批評了？」這些完全不需要孩子回答的反問甚至是質問，傳遞著濃濃的批判與指責，孩子聽了顯然很鬱悶、生氣，甚至委屈，而這些情緒的損耗正是溝通無果的原因。

再比如，工作中你遇到下屬負責的培訓專案，被業務部門評分很低，你會不會這樣對下屬說：「為什麼這麼糟糕？客戶需求你到底有沒有認真調查？」此刻你說話的分貝多半比上一個情境中對孩子的要低，表情也多半比對孩子的柔和，所以你會覺得自己沒有情緒，但是對不起，下屬聞到的仍然是濃濃的指責，由此，接下來他的回答基本就會找各種藉口，於是，你的內心更抓狂。請記得：溝通中弄丟了情緒，其效果一定大打折扣！

溝通中只關注「事件」有何後果？

與溝通定義如孿生姐妹般的溝通失誤公式：正確訊息＋負面情緒＝錯誤訊息，你是否會驚訝於，為什麼正確訊息疊加了負面情緒，居然會顛覆成錯誤訊息呢？舉一個寫書階段訪談 HR 經理的案例：

1. 案例背景

2003 年的一次收購，我們和被收購方的總部磨合了三個月，進展正常，於是，我被派往對方的一家分公司談裁員，準確地說應該是裁撤整個分公司，可想而知，我當時的壓力已經大到把 110 設為了自動呼叫號碼。印象最深的是和一位年輕的小夥子談判，他當時新婚且妻子懷孕，得知裁員幾乎崩潰，因為 SARS 疫情，找工作也很不容易，所以他雖沒有對我動粗，但他嗚嗚的哭聲更令我心如刀割。

看著他痛苦的樣子，我也忍不住哭了出來：「我也不想裁掉你，但是真沒有辦法，這是公司的統一決定。」雖然最後都完成了，但是我很難受，甚至有一種折壽的感覺。

2. 問題剖析

聽了 HR 經理的描述，我其實很能理解她的那種無力感，所以當她問我類似情景到底如何高情商同理時，我是這樣回答的：「裁員對 HR 經理來說再有經驗也是一種巨大的挑戰，幾乎每一秒都在面對員工崩潰的情緒，同理如何進行在我看來是第二步，而第一步是先弄清楚我們日常說出來的話為何如此無力。

『我也不想裁掉你，但是真沒有辦法，這是公司的統一決定。』這句話是 HR 經理的心聲，也幾乎就是事實，而且就訊息而言似乎也沒毛病，但為什麼員工聽完依然很崩潰、經理說完同樣很無奈呢？因為這句話看似很正確，但妥妥地傳遞著負面情緒，言下之意「我無能為力」，所以絲毫沒有安慰人的作用。」

「還真是哦。」她點點頭，我繼續說：「但問題是，妳說這句話的時候，是想安慰他的，對嗎？」她更用力地點了點頭，那為什麼會這樣呢？其實，這就是失誤公式的作用，「正確訊息＋負面情緒＝錯誤訊息」，到底怎麼理解？她說的那句話就訊息而言沒錯，但傳遞給對方的是「無能為力、幫不了你」的負面情緒，所以對方理解的「錯誤訊息」是什麼呢？第一種，你跟公司同個立場，反正就是對我見死不救，我鬥不過你們只能無奈離開；第二種，你說不想裁我完全都是官腔，其實跟公司一樣都是對我落井下石，我一定要和你們魚死網破！

幸好，那位被裁的小夥子是第一種，否則 HR 經理真的需要自動呼叫 110 了。我相信此刻的你，無論有還是沒有裁員經歷，多半都會認同我的解析，當然，更好奇到底應該如何高情商回應，請允許我在這裡賣個關子，因為此案例現在的出現，其價值是為了說明失誤公式的，後續章節我會為你揭曉答案，反正，這個答案在我訪談時，得到這位 HR 經理的回饋是：「哎呀，這樣說真的感覺不一樣！」

案例剖析至此，請千萬別誤以為此公式只與裁員有關，我真正想告訴你的是：你每天都在與此公式打交道，換句話說，你每天都會不經意間落入這個公式的陷阱！人們總誤以為自己說的話是正確的，結果就應該是正確的，但糟糕的事實是，應該發生的事大多數時候都沒有發生，因為人們日常太忽略「情緒」在溝通中顛覆性的影響力。所以，在處理「事情」的時候，必須先情後事才能事半功倍，而日常人們總以為「就事論事」很正確，但從情商的視角來看：就事論事，最容易出事！為什麼？因為所有的事都是人為的，而人不可能沒有情緒，所以你永遠不可能越過「情」而直接解決「事」。

溝通中的負面情緒因何而來？

上述的溝通失誤公式說明，我們每個人無論是聽者還是說者，都很有可能因負面情緒而掉入溝通的陷阱，那麼，如何能夠逆襲呢？第一，弄清楚情緒從何而來；第二，真正成為情緒的主人。本節闡述情緒來源，後續章節解析情緒方法。

情緒從何而來呢？正是大多數人的「我是正確的」這條底層信念，尤其是當我們面對分歧時，仍然堅定不移地認為自己是對的，內心得到的結論就是「他是錯的」，表現在溝通中，雙方都在極力證明自己是對的，而對方的感覺就是自己是錯的，所以，這樣的溝通方式往往會引發對方的情緒不斷更新，最終雙方想達成共識的機率就降低了。

此刻，我想再次提醒你，這偉大的溝通失誤公式，你每一天都在跟它打交道，所以邀請你閉上眼睛回放一下，發生在你自己工作或生活當中類似有趣的情境。

請闔上書我們暫停 10 秒鐘……不知道剛才在你的腦海當中，浮現了哪些有趣的情境呢？我來分享一個培訓中最常討論的情境：客戶投訴或同事抱怨時，我們最有可能回應的一句話是什麼？「別著急」，對不對？那對方的反應可能是什麼呢？第一種：我能不急嘛！第二種：提高分貝地說「我急了嗎？！」顯然，對方好像更著急了。

於是問題也來了，如果此刻你是說「別著急」這句話的人，我猜想你的心情一定很鬱悶，因為你內心的 OS 是：讓你別著急我有錯嗎？你幹什麼更著急了，你有病啊？哈哈，這一定是你的內心獨白吧，所以接下來我要跟你好好解析一下，為什麼「別著急」這句話，真的只能是反效果。

著急這個狀態如果要讓我們來評估，顯然不太好，而你現在讓我別著急，說明我已經急了，所以如果我作為聽者要接納你的建議「別著急」，其前提條件就是，我必須先承認自己的狀態很糟糕，因此這句話對聽者而言，不但有一種不被理解的感受，反而還有一種隱隱被指責的感受，這就是為什麼聽完沒有人會樂得起來的原因。當然因性格的差異，外向、急脾氣性格的人聽完不爽直接就爆，而內斂型的人聽完也許外在沒有太大的反應，但內在的感受仍然不舒服。所以：請千萬不要對一個很著急的人說：別著急！

看到這裡，你多半會覺得有道理，但同時可能也會困惑：不說別著急，那應該說什麼呢？這個問題我同樣還得賣個關子，因為它會在之後的篇章重點展開，而接下來，我更想透過上述的解析，為你呈現一個打通思維的模型。

【可 E 姐給你劃重點】

溝通的定義：為了設定的目標，把訊息、思想、情緒在個體或群體間傳遞，並達成一致的過程。它說明，如果你忽略「情緒」的影響，其結果就是你想傳遞的「訊息」一定會大打折扣。

「就事論事」看似很正確，但從情商的視角來看：就事論事，最容易出事！為什麼？因為所有的事都是人為的，而人不可能沒有情緒，所以，你永遠不可能越過「情」而直接解決「事」。

「我是正確的」這條底層信念，令人們面對分歧時總是極力證明「我是對的，你是錯的」，其結果就是引發對方的情緒不斷更新，而最終雙方想達成共識、好好溝通的機率就大大降低。

無處不在的「溝通漏斗」到底誰買單

【請你帶著這些問題閱讀】

日常溝通，為何總是「溝」了不「通」?

期待與結果有落差，誰更應該買單？

人和人不一樣，你真的這樣認為嗎？

說話這個功能對正常人來說，可謂與生俱來，但為什麼我們還需要學習溝通呢？不知道你有沒有以下這些的困擾：

明明是為了對方好，但一開口就呈現指責或冷戰畫面；

明明不想答應他人，但常常委屈迎合卻還有可能公親變事主；

明明只是直言不諱，但總被人誤解為出風頭或好批判；

明明很想安慰他人，但竭盡所能的結局竟是引火燒身；

明明……反正我不是這個意思，但為什麼搞成這個狀況！如果這也是你的困擾，那麼本章節就為你帶來解藥……

你每天都與之為伍的「溝通漏斗」是什麼？

管理學中有一個經典模型「溝通漏斗」，它指的是：我是說話的人，我對我心裡想的部分非常清楚，但中間我看不到，我唯一發現當我說完，對方轉化為實際行動的，只有我期待的20%，而現實溝通中往往連 20% 都沒有，它可能是零甚至是負數。乍看之下你一定很覺得奇怪，但細一想可不是嘛！這就好比上述的例子「別著急」，說者的初衷是安撫對方的情緒，但聽者聽完反而更急了，你看，這不是標準的負數關係嗎？

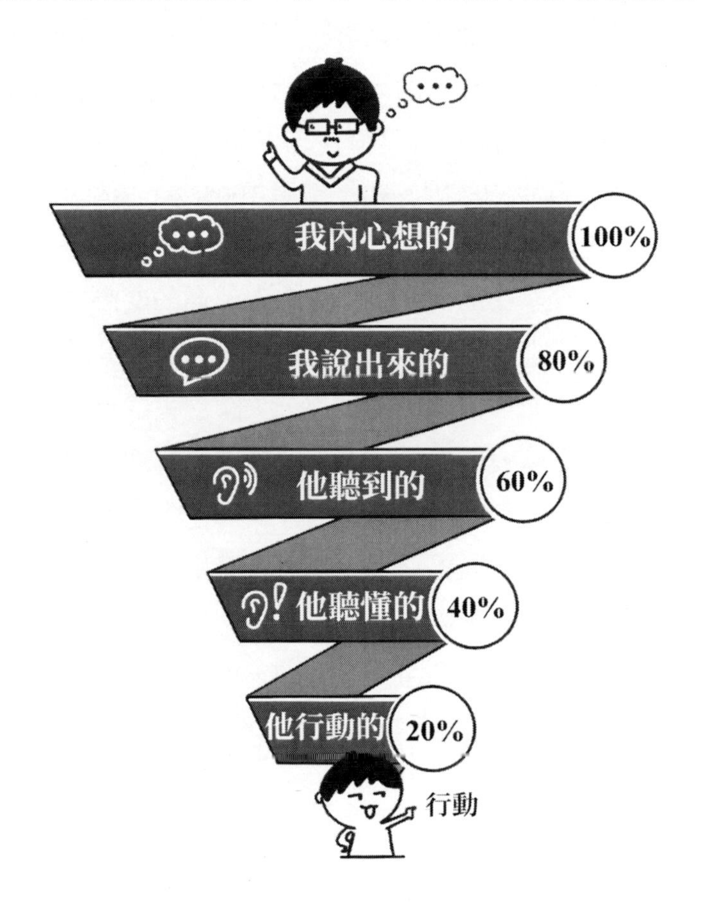

我們先回到模型當中，假設對方做了你所期待的 20%，問題也來了，我是說話的人，我覺得我想的這麼清楚，他才做了這麼一點點，誰有問題？此刻正常人最正常的推斷就是「他有病」！於是，管理學家還原出了中間我們所看不到的三層，分別是：我說的就沒有想的那麼多，對方聽到的又少點，理解的更少，因而轉化為實際行動的更可憐。理解了這三層之後，對我們在未來的溝通中所獲得的啟發是什麼呢？第一大啟發是：漏去的過程很合理；第二大啟發是：造成漏斗如此巨大落差的原因，顯然不是 100% 對方的，而是雙方的。

這就是管理學中的溝通漏斗，它與情商的關聯又是什麼呢？高情商的人在日常溝通中，不僅可以控制漏斗的上半部分，他還能積極影響漏斗的下半部分，讓漏去的百分比越來越少，還原一個真實的訊息，這就是管理學的漏斗與情商結合之後的詮釋。一句話提煉溝通漏斗：溝通中你的期待與結果不一致，就漏了。而重點是，普通人壓根不知道漏斗的存在，所以每一天都會不經意地掉入漏斗的陷阱；而高情商的人因為懂得「漏斗無處不在」的真理，所以他們會在溝通中主動做一些調整，從而避免掉入漏斗的陷阱。

如何逆襲「溝通漏斗」的窘境？

關鍵詞只有一個：自己買單。比如，你在職場是 HR 經理，對下屬分配任務的時候，千萬別說：「請把我們人事部門的表格完成一下。」為什麼呢？因為「完成」這個形容詞必將開啟溝通漏斗，請你停頓 5 秒鐘思考一下……此刻你一定意識到「完成」這個詞，對於不同的人來說標準是不一樣的！經理交代任務時，腦海中浮現的是自己對完成的畫面，而下屬領命時腦海中的畫面基本上會與經理的不重合，所以，常常出現的狀況是，下屬明明覺得自己既用心又高品質地完成了任務，但第二天卻被經理批評說：「怎麼弄成這個樣子？你到底有沒有認真在做？」最後，經理鬱悶的不行，下屬也委屈的不行。怎麼突破這個惡性循環呢？很顯然，經理如果有漏斗的意識，就會描述清楚自己對於「完成」的定義，而下屬如果有漏斗的意識，就會將自己對「完成」的理解主動和經理交流並達成共識。這就是逆襲漏斗的關鍵動作，因為你知道無論自己是聽者還是說者，都應該為「不漏」而負責。

但是，看上去如此簡單的一個破局動作，為什麼在實際溝通中卻如此罕見呢？因為日常人們總誤以為「自己已經表達得相當清晰了」，對方就應該百分百理解自己的意思，因此，如果最後的結果出現了狀況，那只能說明：要麼是對方的理解力有問題，要麼就是對方的態度有問題，而自己是絕對不可能有問題的！你有沒有發現，這就是我們之前所剖析的一個常見信念在作祟，它就是「我是正確的」。要解決這個認知上的阻礙，我們必須理解人與人之間的差異到底由哪些因素而決定。

逆襲溝通漏斗的高情商認知如何訓練？

我常常在培訓中和學員分享這個觀點：情商，是讓你的邏輯選擇和本能反應越來越趨同的一種能力。從邏輯上人們都知道「人和人是不一樣的」，但本能反應是什麼呢？遇到意見分歧的那一刻，早已把「人和人是不一樣的」認知拋到了九霄雲外，此刻內心真正的渴望是「你應該和我一樣」！所以面對分歧，大部分人的本能反應是「搞定對方」，而溝通往往最後就是「溝」了不「通」。

由此，如何將邏輯認知訓練為本能反應呢？其關鍵點就是發自內心地理解「為什麼人和人是不一樣的」。角色、環境和性格，這三個因素是核心原因。換句話說，當 AB 兩個人所處的角色、環境和性格，只要有一個不一樣，就決定了他們看同一個問題的視角不同，所以會出現分歧。

如上述 HR 經理交代任務的例子，如果經理非常清楚地知道自己和下屬的角色不同，所以往往對一個任務的理解或標準會不同，那麼，在下達時就不會讓自己掉入形容詞的陷阱。而環境指的是，如果兩個人的成長環境不同，他們的思維和行為方式也多半不同，那麼，硬要讓 A 接受 B 的方式，A 會很痛苦，但 A 可不可以改變呢？有可能但一定不是硬拗，這就好比婚姻關係中兩個人的磨合，一定不是因為忍受，而是真正的理解。至於「性格」這個要素更容易理解，無論兩個人是什麼關係，只要性格不同，往往都會容易有分歧，因為性格不同的人看待同一件事物的視角，會很不一樣。

因此，當我們理解角色、環境和性格是「人和人不同」的核心原因，那麼未來在面對分歧時，請告訴自己：這不是對錯的問題，僅僅是差異，而差異是可以調和的，但對錯就只能帶來爭論。這就是獲得高情商認知的底層訓練方法。

【可 E 姐給你劃重點】

一句話提煉溝通漏斗：溝通中你的期待與結果不一致，就漏了。而高情商的人因為懂得「漏斗無處不在」的真理，所以他們會在溝通中主動做一些調整，從而避免掉入漏斗的陷阱。

面對「溝通漏斗」，普通人總會認為：要不是對方的理解力有問題，要不就是對方的態度有問題，而自己是絕對不可能有問題的！其實，這就是「我是正確的」這條信念在作祟。

「人和人不同」的核心原因由角色、環境和性格決定，所以，未來在面對分歧時請告訴自己：這不是對錯的問題，僅僅是差異，而差異是可以調和的，但對錯就只能帶來爭論。

邁向溝通高手的底層邏輯｜入門篇

【請你帶著這些問題閱讀】

溝通中為何總有人會感嘆「你 Get 不到我的點」？

理論上觀點分歧不一定溝通會崩盤，但為何大多還是會崩盤？

溝通高手到底擁有怎樣的絕世武功，總能搞定大多數人都搞不定的分歧？

《非暴力溝通：愛的語言》（*Nonviolent Communication: A Language of Life*）這本書上，有這樣一個有趣的案例⋯⋯

一對夫妻搭乘火車去機場，在火車上，丈夫說：「我從來沒有坐過這麼慢的火車。」一旁的妻子聽到之後有些不知所措，最終沒有回應。過了一會兒，丈夫又說：「我從來沒有坐過這麼慢的火車！」這個時候，妻子開始焦慮起來，弱弱地說了一句：「那怎麼辦呢？」沒想到，丈夫居然咆哮起來：「我從來沒有坐過這麼慢的火車！」於是，妻子也開始咆哮了：「那你想怎樣？你想讓我下去推火車嗎？！」

你是不是已經撲哧笑出了聲？但請你千萬不要僅停留在搞笑的頻道上，要知道，這就是日常我們的溝通。案例中的妻子，完全聽得懂丈夫在說什麼話。但是，又完全搞不明白，丈夫到底在說什麼！而這也是大多數人在溝通中的困惑……

真正的高手為何從來不是「嘴上功夫」？

你的身邊一定有些人是你真正敬佩的，尤其是在某些尷尬的情境，或一般人都搞不定的情境，他總能處理得當，甚至力挽狂瀾。比如，前言中所舉到的業務部與生產部的例子，大部分的當事人要麼 PK，要麼一方隱忍，要麼老闆拍板，可是偏偏有那麼一位，僅憑著自己的三言兩語，就成功地解決了問題。此時，周圍的人一定都在誇他的溝通能力不一般，但事實上，你看得見的溝通，也就是他說出來的臺詞，真正的硬功夫打哪兒來呢？是你看不見的、他的底層邏輯！

所以，你千萬別因為欣賞高手的溝通力，就想讓自己背出他的臺詞或金句，一來你做不到；二來就算做到了，你也無法活學活用。但是，當你讀懂了我為你呈現的底層邏輯，你不僅會拆解高手的臺詞，還會因思維疊代而靈活運用，，那一刻的你，簡直就了不得！說白了，掌握心法才是邁向高手的捷徑，而心法令你坐擁跑贏 80% 職場人的思維模式，那一刻的你，想不當高手都難！敲黑板：真正的溝通高手，從來都不是嘴上功夫。

「你不理解我的意思」，看高手如何破局？

你有沒有發現，日常兩個人溝通，有一方說：你沒有理解我的意思！而另一方就特別鬱悶，心裡想的是：哪裡沒 Get 到嘛，不就是……歸根結柢，A 覺得自己不被理解，B 要麼覺得自己相當理解，要麼就覺得自己也不被 A 理解。這到底是什麼問題呢？其實，每個人在溝通中都渴望被他人理解，但我們往往不知道理解是分層次的，冰山模型展示的就是理解的三個層次。

表層的理解每個人都能做到，那就是對方說了一件什麼樣的事，表達了一個怎樣的觀點，它與溝通定義對應的就是「訊息」。深層的理解對大部分人來說都有挑戰，首先是感受，它與溝通定義對應的就是「情緒」，也就是對方說的這件事或這個觀點的背後，更想表達的情緒是什麼。比如，客戶投訴時說出來的訊息是「我過敏了」，但沒有表達的情緒是「我很難受甚至很擔心」。當然，比感受更深層次的是動機，它與溝通定義對應的就是「思想」，說白了，人們的觀點和感受都是有原因的，而真正的解決方案，並非同意或不同意對方的觀點，而是解決或滿足了對方的感受和動機。

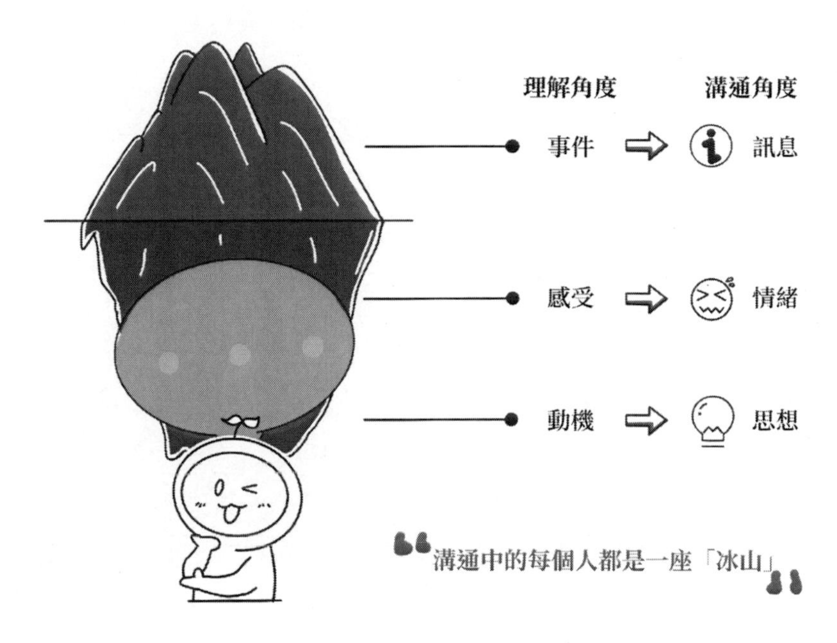

再比如，延續前言中的裁員案例，面對那位新婚不久、妻子剛懷孕、自己遭遇解聘且身處 SARS 時期的員工，如果 HR 經理能理解他的無助和絕望，那麼，她的安慰就不會停留於「我不想裁掉你，但這是公司的統一決定」，因為這句話只是就「事件」層面的回應，無法觸碰到員工冰山下面的感受和動機，所以員工就會有一種「你沒理解我的意思」的感覺！

高手的破局思維就是：永遠不停留於冰山的表層，他們在溝通中之所以說出來的話很漂亮，是因為他們更關注的是對方冰山底層的感受和動機。如果能直接 Get 到，他們會替對方把底層的意思表達出來；而如果不能直接 Get 到，他們就會帶著好奇心去探尋對方底層的意思。

HR 經理到底應該如何用同理心的方式做高情商回應呢？訪談中我是這樣回答的：「小劉，其實你知道在這個非常時期，公司做出裁撤分公司的決定是很艱難的，但是我能理解你當下處境的艱難度絲毫不亞於公司，畢竟你是家裡的棟梁。正因為如此，我為你特別申請了一個賠償方案，來幫助你度過這個難關，你想不想聽一下這個方案呢？」兩秒鐘後，HR 經理說：「真的感覺不一樣！」不一樣在哪裡呢？第一句話針對他冰山下面的感受做了回應，當然，也把公司的難處做了客觀呈現，但是，我用了高情商的「但是」做轉折，來突顯我對他感受的理解。（高情商的「但是」是先抑後揚的，而日常人們總是落入先揚後抑的低情商陷阱。）第二句話則是針對他冰山下面的動機提出了解決方案，自然他就不太會抗拒。

這樣的高情商回應，其實可以應用於任何情境，尤其是極具挑戰的投訴情境。很多大品牌的客服在上過我的「高情商服務力」課程後，面對消費者過敏，就不再會就事論事地解決醫生診斷和退貨流程，他們會這樣表達：「我很理解您過敏了一定很難受，而且聽上去您還有點擔心，您能告訴我擔心的是什麼嗎？我來看看如何能更好地幫到您。」你看，這就是能 Get 到的就直接表達（難受＋擔心），不能 Get 到的動機則帶著好奇心去問。

所以，「你沒理解我的意思，是因為你根本沒往心裡去」。而高手之所以成為高手，不是因為套路而縱行天下，卻是因為往心裡去而贏得人心。而往心裡去的關鍵，是因為你理解每個人在溝通中都是一座冰山，顯而易見說出來的部分往往是冰山一角，所以你會帶著「心」去感受對方的感受，並揣著「好奇」去發現對方的動機，如此一來，你的溝通怎麼會不夠力呢？

「雙冰山模型」令你擁有溝通高手的底層思維

上一節，我們用投訴案例解析了深層次理解的價值，本節舉一個與 HR 相關的例子，帶你領略高手是如何化解分歧的。

比如，某員工提出離職，很顯然他表達出來的觀點是「我要辭職」，HR 肯定會問「為什麼呢」，員工說：「有一個薪資提升 30% 的機會，我不想錯過。」假設你作為 HR，很想留住他但最多只能提升 10%，面對這 20% 的落差，大部分 HR 就開始感到為難了，直接開口說 10% 自己都不好意思，但不說吧似乎也覺得不好，怎麼辦呢？這看似很難的問題，正是高情商可施展的領域，如何施展呢？請你帶著「雙冰山模型」，隨我一起前行……

「雙冰山模型」？

上一節你已經讀懂了冰山，它指的是在溝通中，我們每個人都是一座冰山，說出來的是事件或觀點，而未表達的是感受和動機。所以，溝通，其實就是兩座冰山相遇，冰山表層的觀點，如果 A ＝ B，那麼皆大歡喜，但挑戰的是當 A ≠ B，人們擅長的就是「爭吵」模式：我是正確的，你是錯誤的；我是合理的，你是無理的；我是英明的，你是愚蠢的……

那麼，高情商到底如何讓我們成功開啟「雙贏」模式呢？

1. 接納 A ≠ B 的事實，告訴自己「我們有差異而非對錯」；
2. 開啟自己的冰山底層，告訴對方自己的感受和動機；
3. 探尋對方的冰山底層，理解或詢問對方的感受和動機；
4. 從雙方的動機層面，設計雙贏的 C 方案。

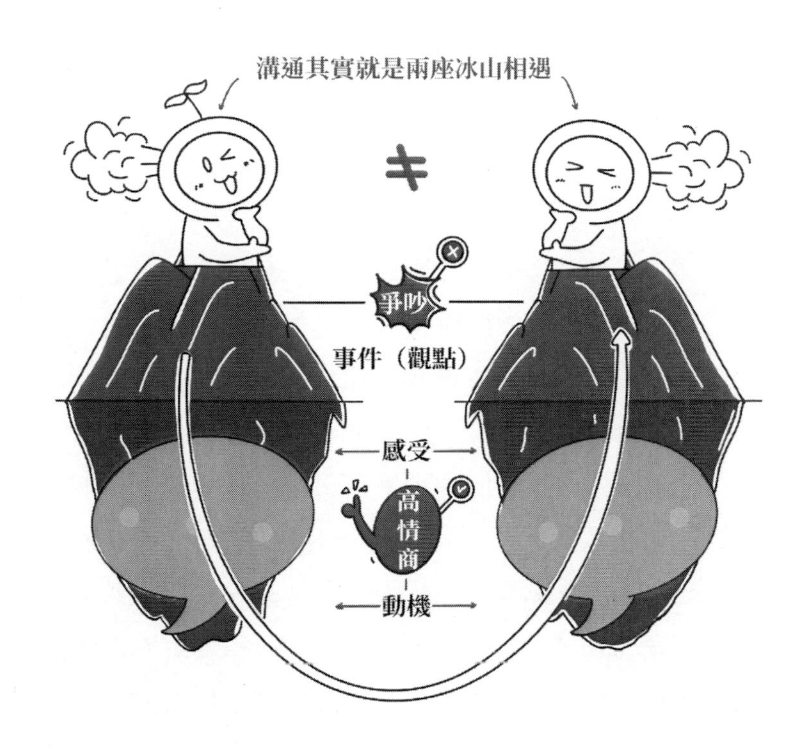

實戰「雙冰山模型」

延續上述離職案例，員工的 A 觀點是提升 30%，HR 的 B 觀點是提升 10%，如何達成雙贏的 C 方案呢？討價還價會令你很被動，而從專業的角度，其實你很清楚地知道，薪資上漲 30% 不一定是員工離職的真實原因，因為 N 種離職原因中排名前四的，其一就是「與上司關係不和」，而這個原因也是員工離職時最有可能選擇不說的原因，所以，你應該如何探索真相，並在此基礎上尋找雙贏呢？

第一步：接納 A ≠ B 的事實，告訴自己：現在 AB 確實有 20% 的落差，但這並不意味著我們沒有可能達成雙贏的 C 方案。

第二步：開啟自己的冰山底層，告訴對方你的感受和動機：「我很遺憾聽到你要離職，因為你在公司的這幾年，無論是部門考評還是高層評價都非常好，所以從我內心角度很希望代表公司做一些爭取來挽留你。」

第三步：探尋對方的冰山底層，你可以先開啟一個過渡性問題（最後我再解析為什麼不能直接問對方的動機），這個問題是：「如果我同樣可以為你爭取 30% 的薪資漲幅，你會願意留在公司嗎？」如果員工說「會」，那說明他的離職原因是真實的，那麼，也請你以誠相待：「很抱歉，目前我的最大權限是 10%，如果你願意留下來，我會為你做其他方面的爭取是……但如果你想離職，我也非常理解，我能做的是為你寫一封推薦信。當然，我更期待你即便離職，也能和我或你的上司保持連繫，如果將來公司有了更好的職位和待遇，希望你會回來。」畢竟，處理好與前員工的關係，既是 HR 的職責，也是公司的未來資源。

當然，如果面對上述問題，員工猶豫不決或堅定拒絕，那說明他的離職原因並不完全真實，此時你可以開啟這個關鍵性問題：「看來除了薪資以外，還有其他的一些原因，能方便讓我知道嗎？畢竟，如果有些原因我能為你解決，也許你就不必去經歷適應新環境的困擾，當然，如果我解決不了，我也非常願意為你寫一封對你有加分的推薦信，也許可以讓你在新環境中更快地得到新上司的認可。」我相信如此高情商的表達會大大提升員工敞開心扉的機率，由此，你才有機會了解他冰山下方的真實感受和動機。

第四步：從雙方動機層面設計雙贏，透過上述的關鍵性問題，如果你了解到他的感受是不被認可，動機是希望與上司有圓融的人際關係，這個問題也許你沒有辦法馬上解決，那麼，你能表達的是對他的理解，能做的則是你之前的承諾。如果他的動機是希望在公司有更好的職業發展路徑，以你對他的了解完全是可以解決的，那麼最終就不是 30% 與 10% 之間的問題，而是 10% ＋新的職位或職位的申請與落實。

總結一下，這個離職案例我並非只是想告訴你應該如何談話，而重點是雙贏思維的建立，請將雙冰山模型刻入你的腦海，當下一次你與他人觀點分歧時：1. 千萬不要在表層就觀點進行「我對你錯」的 PK。2. 主動將自己的感受和動機先呈現給對方；3. 帶著好奇心探索對方冰山下方的感受和動機，你可以問：「我相信你之所以有和我有不一樣的想法，一定是基於某些原因或衡量標準的，所以，我方便知道一下你是怎麼考慮的嗎？」當然，在離職案例中我並不建議直接問這個問題，是因為對員工來說不一定安全，所以我們借用這個問題「如果可以為你爭取到 30% 的漲薪，你願意留下來嗎」，來做一個平穩的過渡，這樣就能更真實地了解到對方的深層次動機。4. 雙方的動機都呈現後，看看哪些是重疊的，這就是雙贏方案的來源；或者看看對方的哪些動機你可以解決，基於此重構一個雙贏方案；如果既無重疊亦無解決方案，那我們便選擇平靜地「分手」，這三款都是高情商的解決方案。請記得：情商的雙贏思維裡，魚和熊掌可以兼得。

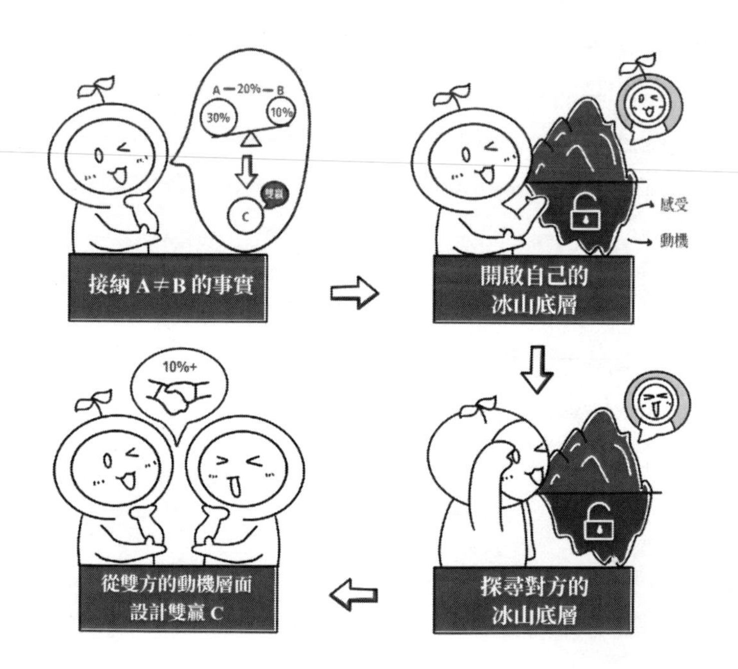

上述四步，凡能做到的高手，必然第一擁有的不是高情商溝通的能力，而是積極駕馭情緒的能力，否則只要你帶著負面情緒，以上任何一步都是巨大的挑戰。所以，下一節，我將為你展現的就是駕馭情緒的理論和方法，它也是讓我們實現高情商自我管理篇的關鍵技能。

【可 E 姐給你劃重點】

每個人在溝通中都是一座冰山，而往心裡去的關鍵，是帶著「心」去感受對方冰山下的感受，並揣著「好奇」去發現對方的動機，如此一來，你的溝通一定很有力。

雙贏模式：

1. 接納 A ≠ B 的事實，告訴自己「我們有差異而非對錯」；
2. 開啟自己的冰山底層，告訴對方自己的感受和動機；
3. 探尋對方的冰山底層，理解或詢問對方的感受和動機；
4. 從雙方的動機層面，設計雙贏的 C 方案。

上述四步驟，凡能做到的高手，必然第一擁有的不是高情商溝通的能力，而是積極駕馭情緒的能力。

邁向溝通高手的底層邏輯｜進階篇

【請你帶著這些問題閱讀】

我們都知道應該成為情緒的主人，但為何多數人卻只是「奴隸」？

從奴隸躍遷為主人的過程中，你知道最關鍵的破局點是什麼嗎？

如果你真的打怪升級成為了「主人」，它又會為你的人生帶來什麼？

「老師，我那孩子實在是令人頭痛，到底是為什麼呀，該怎麼辦？」

「老師，麻煩你幫我分析一下，我那 ** 同事為什麼故意整我？」

「老師，我真的不理解，我這麼努力，為什麼老闆還不滿意？」

如此之多的「為什麼」背後，隱含著深深的無奈、困惑和憤怒，而這些情緒到底從何而來？我們又該如何與情緒共舞、與那該死的某某和諧共處呢？

生活與工作中那些令人抓狂的情境

情境一：因為孩子考試不及格，所以父母怒了。你作為父母，此刻心裡想的是什麼呢？ OS：你考 56，班上有人考 96，甚至還有人考 100，而你又是我生的、肯定不笨，老師又都是同樣教的，這說明什麼？說明你不努力不上進啊！相似的親子情境：因為孩子做作業磨蹭，所以父母怒了。（當父母不容易，怒點超級多。）你的 OS 是什麼？人家小明每天 21：30 就上床，而且成績還那麼好，這說明你壓根就沒把心思放在學習上！

情境二：老闆當眾批評我，所以我很生氣，感覺很丟臉。你作為員工，為什麼會覺得很丟臉呢？ OS：老闆這樣做就是故意羞辱我，尤其是老闆之前找小明談話，就是和他在辦公室進行的，而今天卻當著所有人的面來說我，這不就是想給我難看嗎？同款的職場情境：市場部小劉到現在還沒有給我確認郵件，我簡直急的想爆炸。（看來職場也不易啊。）你此刻的 OS 是什麼？他這就是在故意耍大牌，故意不配合我們部門！

那些抓狂的情緒到底從何而來？

上述那些情境，人們總覺得自己的情緒是因那件事而起的，但有一個人說：No ！他就是情緒 ABC 理論的發明人亞伯特．艾利斯（Albert Ellis），他被譽為認知行為治療之父，在多年前他創立了「合理情緒療法」，當時是專門用來治療憂鬱症患者的，但後來心理學家發現全人類通用，現在就叫做「情緒 ABC 理論」。

A 代表的是 Activating Events 事件，C 代表的是 Consequence 結果，結果含兩層，一情緒，二由情緒引發的行為。一般來說，人們是把 A 和 C 做因果關係而連線的，什麼是因果關係呢？比如，因為孩子考試不及格，所以父母怒了；或者，因為老闆今天當眾批評我，所以我覺得很丟臉。這兩句話的因果關係是不是感覺特別順暢？而這樣的因果關係說明，我們骨子裡會認為，我的情緒是事件的主角引發的，由此推論：我的情緒他買單！這就是為什麼兩個人在 PK 的過程中，最有可能出現以下這句臺詞：要不是你怎麼怎麼樣，我怎麼會怎麼怎麼樣呢？這句話的潛臺詞就是：你要為我的情緒負責。

現在，我鄭重其事地向你轉達 Albert Ellis 先生的原話：這個思維模式就是日常人們最容易淪為情緒奴隸的原因，換句話說，老先生想告訴全世界，這個思維模式是錯的，A 不是 C 的誘因，事件和結果不是因果關係。為什麼？真是因果關係的話，那麼人們就永遠無法成為情緒的主人。所以，關鍵因素是 B，Belief 信念，信念的含義是：我自己怎麼理解這件事情的角度、觀點、想法，它才決定了我的情緒和行為。由此一來，我的情緒我可以作主了，因為我決定了自己的信念。

我們來體驗一下 ABC 理論如何應用，比如上述的情境 1：因為孩子考試不及格，所以父母怒了。你內心的 OS「他不努力、不上進」是你此刻的 Belief 信念，也是真正讓你怒的原因。情境 2：老闆當眾批評我，為什麼你會覺得很丟臉呢？「給我難看」這個 Belief 信念，才是讓你生氣、羞愧、丟臉的真正來源。所以，真正讓你怒的不是事件本身，而是你的信念。換句話說，影響自己的從來不是別人，而是自己！

建構底層邏輯的 ABC 理論，如何讓你跑贏眾人

◆ ABC 理論的實戰運用

現在你是不是覺得 ABC 理論是真的很厲害？它先疊代了人類的本能思維方式：原來人們總認為發生了一件事，所以結果就那樣了，於是我就好像應該生氣。但其實，你此刻才意識到，真正讓自己生氣的是自己腦袋裡面的想法，僅此而已。有了這份認知疊代後，我們來繼續推進情緒 ABC 理論。

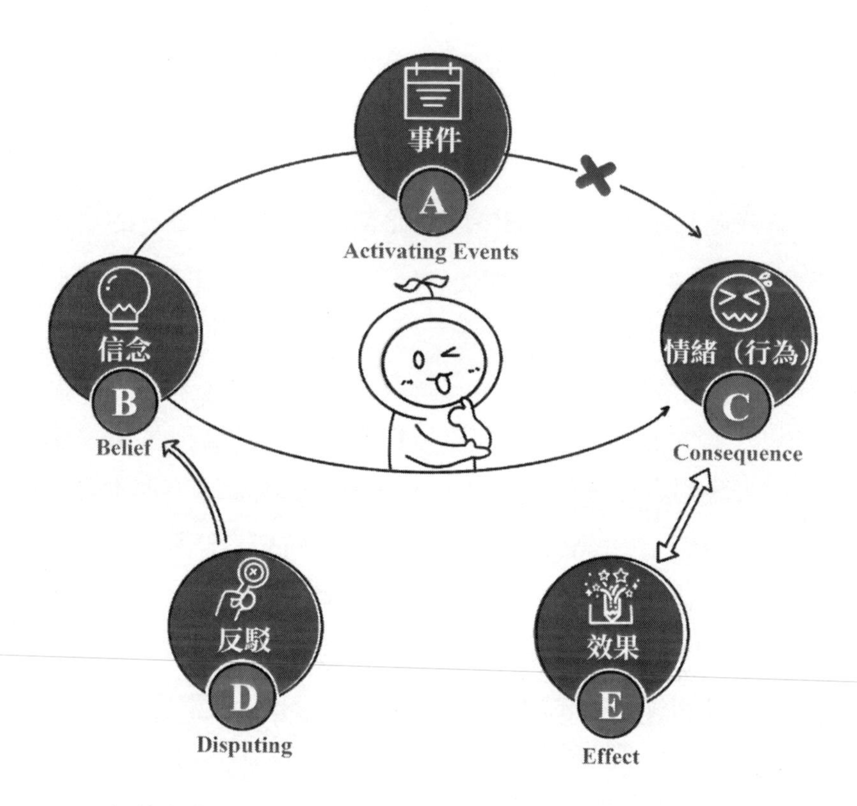

完整版的理論除了 ABC 三個字母以外，還有 D 和 E 這兩個字母，D 代表的是 Disputing 反駁，E 代表的是 Effect 效果，如何理解呢？當我們理解 A 和 C 不是因果關係，B 才是 A 真正的誘因，那麼未來我們要能夠成為情緒的主人，有一個關鍵動作就是學會反駁，重點是反駁 A 還是 B 呢？也就是應該反駁事件還是信念呢？

我相信此刻你多半會選擇「反駁信念」，但我想說，日常人們連有「信念」這回事都不知道，所以人們的本能思維就是反駁 A 事件。不信，我們來探索一下日常人們此刻的 OS 是：你為什麼要考 56 啊？你考 96 我不就不生氣了嗎？或者：老闆幹麼要當眾批評我，你把我請到辦公室和風細雨地好好說，不行嗎？你知道嗎，人的本能就是，遇到一件已發生的、讓自己特別不爽的事，瞬間就想把它逆轉。但其實，A 事件已發生不可逆，我們真正未來要有能力逆轉的是 Belief 信念，換句話說，當信念被改寫，最後 Effect 效果代表的就是，一份新的情緒很有可能和原來的 Consequence 結果之間，是 180 度的關係。也就是說，改寫之前「我很憤怒」，改寫之後「我變得平靜」，甚至「愉悅」。

你可能會很好奇，情緒 ABC 理論真的能從「憤怒」變得「愉悅」嗎？舉個通俗易懂的例子，比如，你現在走在大街上，「嘩啦」被一個陌生人潑了一盆冷水，這就是 A 事件，那你的 C 情緒會怎樣？肯定是怒啊！其背後的 B 信念就是：此人如此無禮粗魯的行為，簡直就是對我的冒犯！但此刻旁邊有個人拍拍你說：嗨，你正在潑水節哦。瞬間，你可能就從剛才的怒轉為喜了，為什麼呢？只要有一定的民俗知識，你就明白在潑水節上被人潑水，寓意是滿滿的祝福啊！

◆ ABC 實戰的關鍵動作

潑水案例充分說明信念改寫了，情緒就會發生本質的變化，所以人們真正要擁有的能力，是在未來經歷負面事件，也就是讓你跌入負面情緒的那一刻，擁有改寫信念的能力，當然，改寫信念的前提是，你得先發現自己當下的信念是什麼，否則你根本沒有機會去改寫它。接下來，我將為你深度拆解與信念有關的兩個動作：1. 發現信念，2. 改寫信念。

1. 發現信念

Albert Ellis 先生不僅僅只是發明了情緒 ABC，更重要的是，他指出有這樣三類常見的限制性信念，猶如在我們的大腦裡面有很多的框框，限制住了我們在某個情境當中，擁有正面情緒和積極行為。那麼，用我的話來說：影響我們的不是別人而是我們自己！哪三類限制性信念會影響我們呢？

第 1 類限制性信念叫做恐怖化，而它的代名詞就是：萬一。舉個例子，假設公司某管理層的職位實行內部招募，而你恰好符合條件，招募當天在會議室外面所有的應徵者包括你，基本上都是一個心情：緊張或忐忑。實際上，緊張或忐忑的情緒本身沒有問題，但有問題的，是應徵者踏入會議室之前的信念。比如，帶著恐怖化信念的應徵者，心裡想的是：哎呀，今天萬一我在臺上發揮的不好怎麼辦？萬一發揮失常，後排那些打分的主管會怎麼看我？萬一結果非常糟糕，明天回原來的部門上班，其他人又會怎麼看我？你看，這些「萬一」的想法特別容易一波又一波地襲擊大腦，最終讓你更加的緊張和忐忑，甚至到了失控的邊緣。

第 2 類限制性信念叫做合理化，它指的是，有一類人在遇到負面事件的時候，本能地在大腦當中去想一些看似很合理，但其實很消極的想法，怎麼理解呢？再次回到剛才應徵的這個案例當中，有一種應徵者在推門而入的那一刻，用恐怖化的信念嚇死了自己，而另一種應徵者在推門而入的那一刻，看上去好像很淡定，可是他內心的 Belief 信念是：應徵這件事，難道真的是由臺上的演講決定的嗎？太幼稚了，應徵的結果由後排打分的主管說了算，而主管一般來說喜歡誰呢？反正不是我這種日常比較耿直的人，所以我早就預估過了，今天我能夠拿到這個職位的機率本來就非常低，但是，公司 HR 不是規定了嗎，符合所有標準的都要參加，那我這種老員工，一定是要來參與的嘛，所以就配合一下嘛！這類人的想法從某種角度來看確實有合理性，但這所謂的「合理」想法實際上會讓人消極應對，因此，這仍然屬於低情商。

第 3 類限制性信念叫做應該化，它就更常見了，其背後的底層思維正是之前剖析過的「我是正確的」，也因此，在兩個人 PK 的過程中，常常都會聽到這類臺詞：「這件事情你怎麼會這麼想呢？難道不應該是那樣想嗎？這難道不是顯而易見的嗎？」這類衝突高頻率地存在於日常溝通中的相互較勁，可是如果我問你「人跟人一樣嗎」，你一定會告訴我「不一樣」，但糟糕的是，人們日常面對分歧本能有一種欲望，就是把別人拉到自己的陣營裡來，因為我們內心深處的 Belief 信念會認為：你應該和我是一樣的！所以，當別人和自己不一樣的時候，PK 自然而然地就產生了。

以上三類限制性信念，是最常見也是最容易引發衝突，最終又影響自己的想法，當你深深理解了它之後，未來當負面情緒來臨時，你要有能力問自己：「我此刻的信念／想法是什麼」，這就是「發現信念」的過程。

◆ 改寫信念

俗話說「好心情由自己掌控」，其實就是「改寫信念」的力量。那麼，改寫信念時，你必須擁有更高級的提問能力。

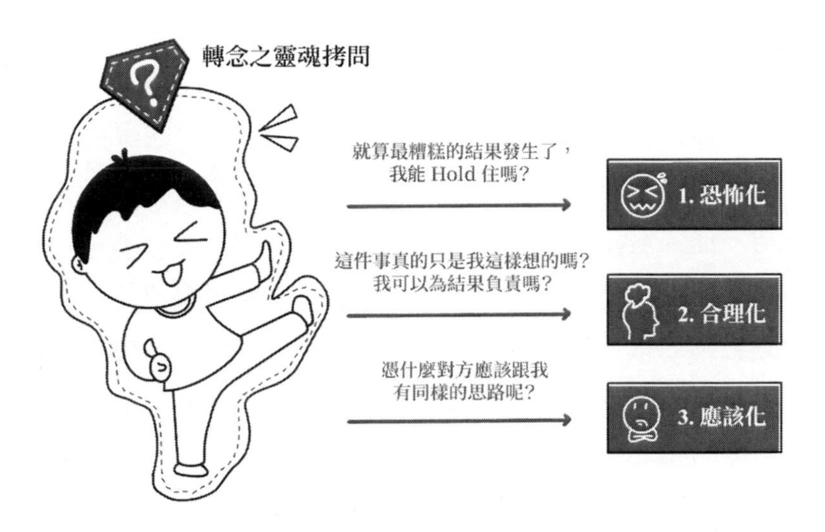

面對「恐怖化」的信念，你可以這樣問自己：「就算最糟糕的結果發生了，我能 Hold 住嗎？」比如「應徵」的情境：就算今天的演講失利，後排打分的主管會不會因為我這五分鐘的失利，就一定會對我有糟糕的印象嗎？就算應徵失敗，除了我以外的其他 10 位候選人，都會被部門的同事指指點點嗎？

面對「合理化」的信念，你可以這樣問自己：「這件事真的只是我這樣想的嗎？我可以為結果負責嗎？」這裡我說明一下，為什麼要新增「我可以為結果負責嗎」這個問題，因為「合理化」的想法很大機率會讓主角採取逃避或視而不見。比如，「應徵」的第二款候選人，正因為他想的是應徵只是一個過場，更多是由主管掌控結果，所以認真準備和敷衍了事是同個結果。而如果他能夠反駁自己：「應徵真的只是關係決定結果嗎？我應該為應徵成功負哪些責呢？」很有可能，他就不會再選擇敷衍了事。

面對「應該化」的信念，你應該這樣問自己：「憑什麼對方應該跟我有同樣的思路呢？尤其是，明明他和我的角色、環境或性格不同，他為何不能和我想法不同呢？」瞬間，你的感受就不同了。

◆ 實戰 Tips

現在的你多半已被「改寫信念」的威力所折服，但我猜想你可能同時也會感覺有點難。畢竟，要先判斷自己當下的信念屬於三類限制性信念的哪一種，再有針對性地提出更高級的問題來改寫信念，整個流程在實際操作的過程中似乎相當有挑戰，有沒有更簡便的方法呢？有！

這就是我為你量身定製的一款更神奇的問題，讓我們只要能察覺此刻的信念，瞬間就擁有改寫的能力。這款神奇的問題是：面對 A 這件事，除了是我剛才的 B 想法以外，還有沒有其他的可能性呢？請注意，這裡的「可能性」請嘗試站在對方的 B 信念這個角度來思考。

情境 1，孩子考試不及格，除了是我認為的不努力不上進以外，還有沒有其他可能性呢？立刻你就會想到這些答案：孩子身體不好影響發揮、這次考試太難甚至超出範圍、孩子討厭某位老師因而不喜歡這門課、孩子其實挺努力但這門課的學習方法不奏效……要知道這些答案都不是我編的，而是曾經在無數次的培訓中，學員自己說的，重點是，當這些答案浮現在了你的腦海中，你此刻的情緒與繼而的行為是不是就會自動發生改變？

情境 2，老闆對我的工作很挑剔，我感到很沮喪。這就是 A 事件和 C 結果，那麼 B 信念是什麼呢？站在下屬的角度，非常容易得出一個結論：老闆對我的工作不滿意，其實就是在表達對我這個人或能力的不認可。接下來，我們用那個神奇的問題來探索更多的可能性：面對老闆對自己工作的挑剔，除了是我剛才認為的「他對我這個人或能力的不認可」以外，還有沒有其他的可能性呢？

此時，請你認真地停留多幾秒鐘的時間，給自己做一些深入的思考，尤其是如果你已經是主管，請嘗試問問自己：作為一個管理者，你對員工表示這不行那不行，僅僅是在表達對他這個人的不認可嗎？這個問題我也採訪過很多管理者，他們大部分人此刻的回答是：「沒有啊，我只是比較嚴格而已，我只是標準定得比較高而已，有什麼問題嗎？」或者：「我只是就事論事啊，這個任務確實沒有完成好，我只是在給員工很真實的回饋，並沒有對他個人有多不認可呀！」又或者：「其實我覺得這個員工很不錯，所以才會不斷提出更高的要求啊！」所以，那些可能性就是：老闆只是要求高、老闆只是就事論事地給回饋、老闆其實對我有更高的期待……於是，你的情緒和行為便悄然發生改變。

怎麼樣？你是不是再一次感受到了「改寫信念」的威力？其實，這個能力就是那些「既在職場發展順暢，又擁有好人緣」的少數人的必殺技。「改寫信念」是自我管理篇章中的重中之重，因為當你擁有了改寫信念的能力，你才能掌控自己的人生。所謂「一念之間」、「一念天堂一念地獄」，現在你才真正理解了這些俗語背後的涵義。當然，也恭喜你，獲得了一張邁向高手底層邏輯的通關證書！

【可 E 姐給你劃重點】

「你要為我的情緒負責」這個思維模式，就是人們最容易淪為情緒奴隸的原因。

你永遠無法改變一件已發生的事件，你唯一可改變的是看待它的視角即信念。

翻轉信念的神奇問題是：面對 A 這件事，除了是我剛才的 B 信念之外，還有沒有其他的可能性呢？轉念，讓你擁有翻轉人生的能力。

第二章

高情商 HR 的向上管理

向上管理是 90% 職場人心中的痛，尤其是與各部門負責人和大老闆打交道最多的 HR，這是為什麼呢？自 2021 年 9 月我開啟私教課程的輔導經歷中，我發現無論小白還是高階主管，無一例外地都困擾於以下幾個情境：

1. 與老闆意見不同，怎麼說才能不被針對；
2. 自己的方案與老闆思路不同，如何能做到被採納；
3. 內心有委屈或被誤解，到底該不該表達。

在職場敢說真話又不得罪老闆的人，少之又少。大部分人可能一開始敢說，之後在屢次被針對的經歷上，選擇了明哲保身；少部分人一開始就不敢說，於是就一如既往的憋死自己。高情商就是在「敢說被針對」和「不說就憋死」之間，讓我們找到一個平衡點：敢說不得罪人。

面對上司的批評，如何高情商應對？

【請你帶著這些問題閱讀】

面對上司的批評，你的日常應對更多是閉嘴還是直言？

你的身邊有沒有這樣的人，面對上司批評會一蹶不振？

你又有沒有遇見這樣的人，面對上司批評卻越挫越勇？

人在職場飄，哪有不挨刀！「批評」算是一個中性詞，有些上司批評你的時候態度比較溫和，可以稱之為「負回饋」，而有些上司的情緒與職位呈正比關係，有河東獅吼開罵型的，也有挖苦型的，總之，面對負評最難攻克的到底是什麼呢？

案例背景

一部電影裡的這個片段，絕對是一個高情商的典範，但更值得我們拿來做兩個角度的深入解讀：為什麼大部分人都很難有劇中主角的反應，如何才能擁有劇中主角的高情商做法。背景如下：

小杜是行政部新人，Rose 是助理行政經理（小杜的上司），這天 Rose 和 HRD 李斯特因裝修預算發生衝突，Rose 氣沖沖地離開老闆辦公室，走到自己辦公室門口時，小杜拿著方案遞給了正要進門的 Rose，並愉快地說：「Rose，這些都是我找的一些比較好的搬家公司，您決定一個吧。」

Rose 翻了幾頁後，抬眼看著小杜：「這麼小的事情你自己不能定，你這樣給我，我怎麼決定啊？你呢，要把每一家的優勢、劣勢、信譽和風險，分析之後，然後給我做最終決定……」

此時 Rose 的分貝已經越來越高，語速也越來越快，「你不要再給我這些沒整理過的數據，讓我做你該做的事情呀！你的薪資分我一半嗎？不是啊！ Don't waste my time ！」「啪」把方案甩給小杜，氣呼呼地走進房間一屁股坐進靠椅繼續生氣。

小杜面對批評時的積極反應，為何你很難具備？

我相信上述情境，對大部分職場人來說都不陌生，而此刻我們的情緒會覺得很羞愧、很丟臉，甚至感到憤憤不平，因為我覺得自己已經做了很認真的準備，你憑什麼這樣當眾批評我呢？而且，這個情境發生在辦公室門口，就意味著外面辦公室裡所有的同事都聽到、看到了，因此它發生在辦公室裡面或外面，對於下屬來說是有些微妙不同的，但重點是，在職場中常常有一個奇怪的情境，那就是下屬被上司批了一通後回去改方案，改完之後再交給上司，很有可能會再被批評一通！這背後是什麼原因呢？

因為在第一次被批評評的時候，下屬的情緒已然不斷升騰，壓根就忽略了上司到底在說什麼，這也是在第一章「自我管理」篇中解析的溝通失誤公式：正確訊息＋負面情緒＝錯誤訊息，如何理解呢？其實我們一不留神就會落入這個失誤公式，換句話說，當上司帶著怒氣給負面回饋的時候，就訊息而言其實是正確的，或至少一部分是正確的，但因為我們在被批評，所以負面情緒就越漲越高，此時心裡的 OS 就特別多，於是等我們聽完，只放大了「被批評」而忽略了到底上司在批什麼，這就是為什麼帶著負面情緒回到位子上繼續修改，其實腦袋仍然是懵的（唯一清楚的是自己超級不爽），於是只能按印象大概地去修改，這就是為什麼常常會第二輪又被批評的原因。簡言之，不是我們沒能力改好方案，而是我們沒能力在此情境中駕馭好自己的負面情緒，從而讓自己落入了溝通失誤的陷阱。

而小杜到底有多厲害呢？在整個影片中有很多他遇到挫敗時和大部分職場人不一樣的反應，而這個片段之後，特別令我驚訝的是，影片雖然沒有再拖沓地去描述方案改的怎麼樣，但以下這個 30 秒鐘的情境，就讓我很明確地知道他的第二稿一定改得非常好，這 30 秒是什麼呢？當天晚上小杜開啟社群軟體寫了這樣一段話：「雖然 Rose 是一個很難伺候的老闆，但是我覺得跟著她可以學到很多東西，所以加油，耶！」你看，這就是他面對老闆當眾批評過後的反應，如此之不同到底源於什麼呢？那就是，他有能力跳出「失誤公式」的陷阱！

他在辦公室門口被批評時，跟我們正常人也一樣特別不爽，但他會努力讓自己把負面情緒先放一邊，而努力聽清楚老闆說的正確訊息：你要把這些公司的優勢、劣勢、信譽和風險做分析之後，再給我做最後的決定。坦白說，這句話是不是超級正確？可是為什麼常常我們卻聽不懂呢？聽不懂，是因為情緒上頭而聽不見！所以，高情商的人真正優於普通人的，就是在被批評的那一刻，他會努力讓自己：放下負面情緒＋放大正確訊息，從而成功跳出失誤公式的陷阱。

如何才能擁有正能量戰士小杜的反應

以上是在此章節中，我為你解析的第一個情境，雖然借用的是電影片段，但它真實再現了職場中面對上司批評的一幕，從中收穫的是什麼呢？無需喊口號：面對批評我們要積極應對，不要氣惱、不要灰心……這些都沒用，有用的是：1. 放下負面情緒，事件當下察覺並接納情緒，告訴自己：現在被老闆批評評我很生氣、很丟臉，這份情緒是正常的。2. 放大正確訊息，繼續問自己：情緒我接納了，那麼老闆說的話，有哪些是對我有價值的部分嗎？這就是內在的一個高情商調整的過程，其實這也與上一章節中的情緒 ABC 理論是息息相關的。

「接納情緒 —— 發現信念 —— 改寫信念」，這三步驟你還記得嗎？ 1. 接納情緒：面對老闆批評我很生氣、很丟臉；2. 發現信念：我之所以生氣是因為我覺得他在給我難看；3. 改寫信念：他除了想給我難看，還有其他什麼原因或用意嗎？他有沒有在給我一些正確的指導，讓我可以把這件事做得更好呢？這就是高情商的人在面對負面事件的那一刻，永遠不可能「蹭」一下就躍升為沒有負面情緒（請記得：高情商並非讓你做聖人，因為有情緒不等於情緒化），但是內在有一個梳理的過程，讓自己有能力翻轉信念從而駕馭情緒，最終目的是：擁有平靜的力量去面對負面事件，隨之而來的積極行為就絕對會讓你跑贏大部分人。

當然，面對批評，我們也不排除另外一種情形，那就是上司真的很情緒化，他不斷地在透過批評宣洩情緒，而沒有給出任何有價值的訊息，有沒有這種可能呢？我覺得有，但其實機率並不高。不過，我們仍然可以來研究即便發生此情境，還能做什麼？沿用小杜和 Rose 的情境，假設 Rose 現在只是一味地批判：「這算什麼方案？你怎麼會弄成這個樣子？你能不能不要只是做一些基礎的不能再基礎的工作？你知不知道我每天都很忙，我每天看著這些沒有任何整理過的訊息，你告訴我，我要到底怎麼做決策？」那麼此時，如果你是小杜，依然可以先透過上面的三步驟「接納情緒 —— 發現信念 —— 改寫信念」，讓自己恢復平靜。於是，你可以主動問老闆：「老闆你說的對，我可能確實沒有做有效的整理，所以我很想知道，從哪幾個方面做有效整理，可以讓妳做決策比較容易呢？我好按這個思路去改，保證下一稿讓妳滿意。」如果你做到了這一點，我相信再情緒化的老闆也會因此而略略平復，開始恢復理智的思考：「對呀，我到底要讓下屬做怎樣的修改，才是正確的呢？」

以上這就是面對上司批評的兩個情境中，我們如何先調整好自己的內心狀態，再進入到溝通和問題解決的詮釋。其實，這也印證了在前言中我提出的情商力的兩個 C，第 1 個 Control、第 2 個 Communication，你還記得它們之間的關係嗎？它倆之間是先後、甚至因果關係。從此情境中，我們能夠再次複習這個要點：好的溝通從來不是先學什麼技巧，而是先擁有駕馭情緒的能力，讓自己能夠做到有情緒但又能平靜地面對批評，由此，你才能發起那段高情商的溝通，給「批評」畫上圓滿的句號。

【可 E 姐給你劃重點】

高情商的人真正優於普通人的，就是在被批評的那一刻，他會努力讓自己：放下負面情緒＋放大正確訊息，從而成功跳出失誤公式的陷阱。

跳出失誤公式之陷阱的步驟：1. 放下負面情緒，察覺並接納情緒，告訴自己：現在被老闆批評我很生氣、很丟臉，這份情緒很正常；2. 放大正確訊息，繼續問自己：老闆說的話，有哪些是對我有價值的部分嗎？

好的溝通從來不是先學什麼技巧，而是先擁有駕馭情緒的能力，讓自己能夠做到有情緒但又能平靜地面對批評，由此，你才能開啟高情商的溝通，給「批評」畫上圓滿的句號。

面對不同類型的老闆，如何高情商溝通？

【請你帶著這些問題閱讀】

你的歷任老闆中，誰對你的正面影響最大，他最令你欣賞的是什麼？

你的歷任老闆中，誰令你一想到就頭大，你們不對盤的原因是什麼？

如果你是管理者，你猜想你的團隊成員一想到自己，會是什麼形象？

我的第一任老闆非常嚴謹，幾乎每一次的報告，他都可以在兩分鐘之內告訴我：頁首、錯別字、標點符號……於是，我在一次次的膽顫心驚中成長著、蛻變著。但三年後，當我嚴陣以待新老闆的第一次述職時，他居然把我完美無瑕的報告放在一邊說「我問你答吧」，我的腦海中浮現出了三個字的評價：不專業！

可是，我明明知道人和人不一樣，顯然老闆的類型亦不相同，但我仍然不由自主地落入了「對比」的陷阱，所以，能夠游刃有餘地和不同類型的老闆相處順暢，其先決條件到底是什麼呢？發自內心地接納並欣賞差異！

高情商向上管理的前提，是做真實的自己

坦白說，大部分人都覺得「做真實的自己」很難，因為一旦真實就無法高情商，尤其在職場，很多人把「見人說人話，見鬼說鬼話」等同於了高情商，那麼，它是高情商溝通的展現嗎？不一定，而且它的近義詞「左右逢源」更值得探討。我相信這個詞，也是人們判斷一個人情商高或低的常見標準，所以在進入這個章節之前，我有必要闡述一下為什麼左右逢源不一定是高情商，這樣你未來才不會落入這個思維陷阱。

左右逢源的含義是什麼？詞語解析是：到處都遇到充足的水源，原指賞識廣博，應付裕如。後也比喻做事得心應手，非常順利。不過，你有沒有發現日常我們在真正用這個詞的時候，也不免透露著另外一股味道，比如說，當你評價某某某是個左右逢源的人，這句話似乎額外要透露出來的是一股諷刺的味道，指的是處事圓滑，善於投機取巧。

正因為這個詞有褒有貶，所以拿捏好「尺度」是非常重要的一件事情。恰到好處的左右逢源，可能是高情商的展現；而過度迎合的左右逢源，就會讓你掉入了低情商的陷

阱。我們來看看職場中常見的左右逢源，這類人最常有的表現是什麼呢？

第一種，被要求對某件事情明確表態的時候，他們往往不說「行」也不說「不行」，總之就是含糊其詞，不管你怎麼問，就是不給一個明確的答案，尤其是如果談到責任問題，那他們往往會給雙方各打五十大板，誰也不得罪。

第二種，在分享工作成果的時候，他們多半會謙讓有加，如果有人欺負到他們的頭上，基本上他們能忍則忍，盡量不把關係搞僵。

第三種，別人需要他們幫忙的時候，那肯定來者不拒、照單全收，對他們而言，不管別人是好人還是壞人，基本都是可交往之人。

在現實生活中選擇做左右逢源的人，絕對不是少數，為什麼會這樣呢？說白了就是左右逢源，可以給我們帶來不少好處。

首先，左右逢源可以照顧到人和事的各個方面，不會因為遺漏了任何一方，而給自己帶來不必要的麻煩；其次，在各種明爭暗鬥中選擇左右逢源，至少可以明哲保身，不會讓自己成為眾矢之的，而且同事間的日常交往中，如果我們左右逢源，那麼至少可以營造一個看上去還比較和睦的工作氛圍。說白了，左右逢源的人，在職場樹敵比較少，尤其是不太會挨主管批評，這就是為什麼很多人，內心雖然覺得左右逢源似乎不是上上策，但本能的反應仍然與此趨同，那麼，它不好的一面在哪裡呢，也就是它為什麼往往不是上上策？

在我看來，左右逢源給自己帶來的最大麻煩，就是給別人留下的印象不可靠，為什麼？不是說他們的人品不好，而是因為他們好像跟誰的關係都不錯，所以周圍人不免就會有所顧慮，比如，我跟他說了什麼心裡話，或者透露了一些相對比較私密的事情，他會不會轉身就告訴別人呢？又或者，他看起來好像不止和我關係不錯啊，和別人也不錯，特別是那我們公司的某某某，那我跟他走的近不是風險很大嗎？所以，左右逢源雖然不會讓自己樹敵太多，但也不容易被他人所信任。

其次，工作中左右逢源的人，其實有點可悲，為什麼這樣說呢？因為他們經常會委屈自己，而這種委屈可不是小委屈，往往是大委屈，比如遇到加薪升遷的機會，他們會有禮有節地謙讓，而且不敢直接競爭，從而會錯過事業上升的絕佳時機。另外，因為他們很難 say no，所以雖然平時替主管分擔了很多工作，也幫了同事很多忙，但他們總要犧牲自己的時間，耗費自己多餘的精力，所以，往往要花很多心思去搞人際關係，應付各式各樣的人，從而活得很累。

當然，我也必須要敲一個警鐘，不僅是累，而且還可能會讓自己一事無成，因為當我們的精力都花在打好關係，我們就很難有真正的心思讓自己的專業有所發展。記得一部影集裡面，有一個資深的 HR，她資深到了什麼程度呢？職場打拚 10 年，在公司年資很久，但資歷卻一如既往的平凡，也就是說這 10 年，並沒有真正讓她在 HR 的職業道路上精進得有多麼專業，所以 10 年才坐穩了 HR 主管的位置。

小結一下，上述職場中左右逢源的情景，我們到底要獲得的是什麼呢？過於明哲保身，害怕得罪身邊所有的人，甚至刻意討好、迎合周圍的人，就是過度迎合的左右逢源。如此過度，既讓自己的內心委曲求全，又讓自己的外在失去立場，其結果就是，既容易被人欺負又容易被人忽略。特別是，在向上管理時，如果我們總是唯唯諾諾的「老闆說什麼就是什麼」，那麼，你不僅是受氣包，還會是邊緣人。所以，高情商的向上溝通篇，我們需要擁有的是，既不得罪老闆又能真實表達自己想法的能力，包括，當你想拒絕老闆某些要求或任務時，你還得學會漂亮的 say no ！

面對善變、強勢、挑剌或不拍板的老闆，如何先做到駕馭情緒？

善變、強勢、挑剌、不拍板，這四個關鍵詞是下屬最容易給上司貼的標籤，但如果我們嘗試換一個角度，可能會讀到的是：有創意、目標感強、追求完美和人際導向。這就是本節開頭我透過兩任老闆的對比，得出「接納並欣賞差異」這個結論。

如何與不同類型老闆如何高情商相處，我們需要藉助心理學的一些基礎認知。

性格色彩（FPA）	人類行為語言（DISC）	行為特質動態衡量系統（PDP）	特質	幸福來源
紅	影響型	孔雀	熱情開朗、創意多、社交型、情緒化、不擔責	追求快樂
藍	謹慎型	貓頭鷹	低調內斂、善分析、重承諾、不善交際、苛刻	追求完美
黃	支配型	老虎	結果導向、抗挫力、大局觀、控制慾、壓迫感	追求成就
綠	穩健型	無尾熊	人際導向、善傾聽、包容心、老好人、不進取	追求穩定

這張表格清晰呈現了常見的幾大心理學門派之間的關聯，因為我個人也是 FPA（Four-colors Personality Analysis，性格色彩）的授證講師，所以把 FPA 放在了第一列，本書不多展開心理學的解析，重在初步有了性格方面的判斷力之後，如何結合情商來提升實戰能力。

在我培訓之案例討論環節，時常會聽到學員有這樣的困惑：紅色老闆熱情開朗，思維也很活躍，但就是經常變來變去，實在是招架不住，怎麼辦？坦白說，我能理解這類職場困擾，畢竟，身為下屬的職責之一，就是落實老闆的想法，但如果老闆總有奇妙想法，下屬的實施方案就得不斷調整，經常從一稿改到二稿、三稿、四稿，甚至又回到了一稿，這時候的下屬想不抓狂也難！

再看第二種困惑：黃色老闆雷厲風行，做事果斷且結果導向，但過於強勢又不聽意見，實在也是消受不起啊。再看第三種：藍色老闆心思縝密，行事謹慎且完美主義，但苛刻挑剔也真是令人難受啊。

面對這不同類型的老闆，高情商下屬的應對一定不是「是、是，好的」，當然也不是「老闆，這不行」，到底怎麼溝通呢？且慢，進入溝通篇之前，必備環節是情緒篇，也就是先理解為什麼不能按上述套路出牌，換句話說，為什麼下屬面對老闆的善變、強勢和挑剔，明明心裡不爽或感覺不妥，但嘴上卻往往答應呢？因為我們此刻的 Belief 信念是：說真話一定會被老闆拍死。發現了此信念之後，請嘗試改寫信念：說真話真的必死無疑嗎？有沒有人表達真實想法之後，被老闆欣然採納呢？答案一定是有，所以，改寫完的信念是：被拍死的真正原因不是說真話本身，而是說真話的方式。說真話一定被針對？當然不是，說真話的方式才是關鍵。

除了上述三類，其實還有第四類：綠色老闆為人和善，低調親和且放權下屬，但有時總也不拍板著實讓人如熱鍋上的螞蟻。這個問題需要單獨討論，因為下屬面對這樣的情況，並非「是、是，好的」這樣來接招，而是根本不知道該怎麼接。

舉個具體的例子，某大型地產公司 HR 經理，多年前在培訓中說出了他的困擾：近幾年房市慘淡，我們公司旗下的中古屋租售門市需要關閉 40%，由我負責關店計畫和裁員方案，我交給老闆一稿後等待他的批覆，結果遲遲沒有回音，委婉地催了兩次仍然未果，我想可能是老闆不太滿意，於是我做了二稿提交，還是沒有批覆。他當時問我：「老師，我到底應該如何與綠色的老闆溝通呢？」

我說：「搞清楚溝通方案之前，先要弄明白老闆到底因何而不滿意，對嗎？」他點點頭，我繼續：「如果他滿意肯定會拍板，但如果不拍板而且又如你所述的性格特點，那你就得思考，綠色的他到底關注的是什麼，以及你的方案中的關注點與他的有沒有落差。你是黃色性格，所以，我猜想你的方案是從公司成本最小化的角度來設計的，對嗎？」

「對呀，這個角度有錯嗎？」他疑惑地看著我。

「當然沒錯，但你也得兼顧你綠色老闆的關注點，不是嗎？」

他若有所思地點點頭，此刻請允許我先不劇透解決方案，而暫時做個小結，其實這四種困惑，從第一個C的角度，如何做到駕馭情緒呢？關鍵點就在改寫信念，比如這第四款：我以為我在用正確的方式（改方案）推進老闆做決策，但其實這並不奏效，所以我應該調整推進方式。你看，這與前三款的改寫信念「被拍死的真正原因不是說真話本身，而是說真話的方式」，是不是異曲同工？

所以，再次強調：探尋高情商的溝通方案之前，永遠是先透過「改寫信念」以做到駕馭情緒，這樣你就會慢慢體會到平靜的力量。

面對善變、強勢、挑刺或不拍板的老闆，如何高情商溝通？

上個小節，我們解決了情緒問題，現在就進入溝通篇章。第一章中的雙冰山模型，是高情商溝通的關鍵。兩個人觀點分歧，如何走出刀光劍影或單方妥協的窘境，進入雙贏溝通呢？

如何與不拍板的綠色老闆達成雙贏？

沿用上節 HR 經理的案例，當時我們暫停於「他若有所思地點點頭」，現在來探究一下他在「思」什麼……

黃色考慮問題一切以結果導向，站在公司利益的角度，HR 經理的裁員方案以成本最優出發是理所當然的，這就是他的動機。而綠色凡事以人為本，得罪人、傷害人的事情他決然做不了，如果以職場角色為先，這類事也必然讓他內心不安，甚至想逃避，這就是綠色老闆不拍板的原因。作為黃色的下屬，在充分理解老闆的感受（不安）和動機（裁員方案實在太傷害人）的基礎上，應該如何調整自己的推進方式呢？ 1. 提交方案時做好 ABC 三套，2. 表明自己最傾向於哪套方案，3. 闡述推薦理由，比如：我個人推薦 B，因為這套方案既符合整體成本預算，又能實現裁員人數最低或解聘員工補償最優。如此一來，綠色老闆的拍板就不是難題，因為你滿足了他的動機，也兼顧了自己的關注點，這就是雙贏。

如何與善變的紅色老闆達成雙贏？

借用上述情境，我們來探尋如果 HR 經理面對的是紅色老闆，又會怎樣呢？你提交了 A 方案，老闆說「嗯，不錯」，執行剛剛開始，老闆把你叫來說「哎呀，其實我覺得應該 B 更好……」，你咬咬牙說「好」，結果沒過幾天，他又對你說「我感覺吧，C 方案應該更妥善……」，此時你一定咬牙切齒。繼續忍嗎？ No ！但當然你也不能脫口而出「不行」。如何高情商溝通呢？你得先理解紅色為何如此善變，他的動機並非想整你，而是因為目標不清晰，同時又容易受外界影響，所以經常聽風就是雨。

你可以這樣溝通：「老闆，我理解您改方案的時候都是希望結果更好，那我想跟您確認一下 C 方案的考量點是不是……？」（你們有一段溝通來明確 C 的動機）於是你繼續：「目前的 B 方案替代最初的 A，是基於……的考量，所以，這次更換之前，我們可否先確認這次關店和裁員專案要達成的目標，再對比不同方案的亮點，看看哪個更符合目標，您看可以嗎？」此時老闆多半會說行，接下來，你們的重點不是討論換還是不換，而是梳理清楚高層期待達成的結果和 HR 能實現的目標，甚至把與目標相關的各項標準，其優先次序都達成共識。

這樣的溝通，首先，突破了打死不說真話的窘境；其次，避免了直接說反對意見的風險；再者，透過三步建立共識：1. 同理對方 C 方案背後的感受（被認同）和動機（確認考量點），2. 表達自己 B 方案背後的動機（當初替代 A 的考量點），3. 嘗試從雙贏角度（達成專案目標）設計問題以弱化BC觀點的分歧。最終結果，也許是老闆放棄了C觀點，也許是你接受了C觀點（此刻絕非妥協而是理解），也許你們找到了其他方案，都未嘗不可。這就是雙贏，從紅色的動機角度（天馬行空的背後是因為目標不清晰）規避風險，當然，千萬別忽略了，紅色也是在感受上極度需要被認可的人，所以，多一些情緒認同和目標清晰，你就自然提升了向上影響力。

如何與強勢的黃色老闆達成雙贏？

上述情境再做微調，此刻你交上去A方案，黃色老闆立即給出意見「不行，應該用B」，你剛想解釋一下A方案的理念，結果他說「別說了，去執行B吧」。通常，你肯定就閉嘴走人了，但內心很委屈，最重要的是，帶著負面情緒往往會讓執行力打折，弄不好還會被黃色老闆罵一頓，豈不更冤？因此，你必須要有勇氣面對黃色老闆，告訴自己：不說其實會死得更慘！怎麼說呢？你首先要理解黃色老闆不由分說背後的動機是什麼，第一，他認為自己是正確的，所以你說了也是白說；第二，既然多說無益，那麼趕緊執行，重點是高效地拿到結果！

這就是你需要掌握的關鍵點，於是，你可以這樣溝通：「老闆，您放心，我一定會去執行，但是在我執行之前，您能不能多給我 10 分鐘時間呢？讓我能確認清楚 B 方案是基於哪些關鍵因素而產生的，這樣我在百分百理解的基礎上，才能確保結果不會有偏差。您看行嗎？」此刻，黃色老闆才會耐心跟你講解原委，也就是 B 方案背後的動機，這樣，你才能確保自己理解了 Why，而非只停留於 What。

所以，與強勢的黃色老闆要達成雙贏，第一個角度是：做到百分百的理解，而非帶著情緒去執行；第二個角度是：如果在理解黃色老闆動機的基礎上，你確定自己的方案更好，那就大膽闡述，比如這樣告訴老闆：我的方案能 110% 的實現您剛才說的降低成本目標，您要不要聽一下？由此，你完全有機會勝出，因為黃色老闆要的不是「你聽話」，而是「你厲害」。

如何與挑剔的藍色老闆達成雙贏？

繼續沿用上述情境做最後一輪微調，此刻你拿著方案交給藍色老闆，他認真地翻閱著，並開始問你一系列的問題：「你的裁員方案上有一個數據，90% 的員工會接受上述賠償方案，請問這個 90% 的依據是什麼？另外，執行階段如果交由第三方公司來談解聘，如果出現……的 A 情況，你的備用方案是什麼？如果又出現……的 B 情況，你又有哪些應對措施嗎？」我相信此刻的你，多半已經手心冒汗，甚至張口結舌了。面對挑剔的藍色老闆，首先一定得調整自己的情緒，其實你不得不認同，藍色老闆問的問題都很有道理，所以他並非專程來挑刺，他唯一希望的是：方案執行時能做到萬無一失。

因此，你應該如何調整自己呢？1. 提交方案之前，請努力站在藍色老闆的角度問自己兩類問題，從而做到方案的完成，第一類「數據的可靠性」，第二類「可能的風險性」；2. 提交方案之時，仍然遇到了自己忽略的問題，請一定不要胡編亂造（因為你一定會被藍色老闆的連環問戳穿），而學會坦誠應對：「老闆，這一點確實是我的疏忽，所以，我想請教您，假設出現員工鬧事的風險，應該如何應對？」我想告訴你，只要你勇於問，藍色老闆就一定會回答，因為他所有問你的問題，他通通都有答案，而且他也很願意教你，要知道，他的核心動機是：方案完美且無瑕疵。而你在這個過程中，能力不斷的在提升，熱情同樣未衰減。

總結本章節，在職場我們會遇到形形色色的人，也會遇到不同類型的老闆，而很多人的跳槽或做得沒意思，多半都與「和老闆不對盤」直接有關，高情商的職場人到底有何不同？就是努力把「不對盤」變得「對盤」，這個過程很不容易，但結果無比美好，因為它不需要你委屈著自己，更不支持你負氣就走人，它需要你時刻記得「雙冰山模型」，並時常提醒自己「雙方的動機到底是什麼」，慢慢地你就會發現自己處理問題的能力越來越漂亮啦。敲黑板：跳槽多半源於「和老闆不對盤」，請努力把「不對盤」變得「對盤」。

彩蛋：如何學會漂亮說不？

不少私教學員都問我：「工作壓力很大，但老闆還會時不時加壓，比如，一週前才給了我任務 A，現在距離提交還有三天，他又給了我 B 任務，時限是五天，明擺著加班也未必能搞定，老師，我到底接還是不接？」

我淡定地回答道：「接不接其實我說了不算，我想問通常你接還是不接呢？」

此時學員往往苦笑著：「硬著頭皮也得接啊！」

可不，這就是問題點，職場中的下屬無論內心有多苦，多半也都會接，因為此刻的 Belief 信念是：不接會讓老闆對我有意見。可是，你有沒有想過，如果接了最後 AB 任務的效果都不好，或有一個讓老闆不滿意，他會不會對你更有意見？所以，你需要學會拒絕，但高情商的漂亮 Say No，真正的含義是：有條件地 Say Yes，換言之，如果你經常拒絕老闆的新任務，結果就是「老闆不再給你新任務」，於是，你的職場升遷管道也被你親手關閉。因此，何為有條件地 Say Yes 呢？

第一步，認可老闆冰山底層的動機：「老闆，謝謝您對我的信任。」

第二步，表達自己的觀點、感受和動機：「目前如果我接任務 B 的話，會很為難，因為手頭的 A 已進入關鍵的收尾環節，時間上挑戰太大。」

第三步，用高情商「但是」連結自己的態度：「但是，我也很希望能高品質地完成 B。」（常見的低情商「但是」皆為先揚後抑，而高情商「但是」則為先抑後揚）

第四步，有策略地談條件：「所以，您是否方便把 AB 的優先順序排個序？如果 B 更重要，那麼 A 的提交可否延後兩天？如果 A 更緊急，那麼 B 可否晚兩天開始？」此時的老闆會很願意來排序，而如果沒有前三步你就直截了當地請他排序，他多半會敷衍地說「都重要」，因為他的 OS 是：你好像不太積極啊！當然啦，萬一老闆認真排序後還是發現「都重要、都緊急」，那怎麼辦呢？繼續高情商地談條件呀：「好的，我明白了，那為了 AB 都能按時地完成，老闆，您是否可以給我一些資源支持，比如，人力、物力，或短期內……方面的授權呢？」如此一來，你的老闆怎會不心甘情願地給支持呢？

俗話說「會吵的孩子有糖吃」，其實它在職場也奏效，但日常低情商的「吵」，就是遇到解決不了的問題（比如跨部門衝突）則向上哭訴，而高情商的「吵」，則是讓老闆感受到你滿滿的積極態度之前提下，雖遇難題卻帶著解決方案式地向上要支持，這樣的你，既不會讓自己苦哈哈的壓力山大，又不會令自己陷入為難卻吃力不討好的尷尬境地，而且還能讓自己做出色的工作＋做出眾的人。

【可 E 姐給你劃重點】

高情商的向上溝通，我們需要擁有的是，既不得罪老闆又能真實表達自己想法的能力，包括，當你想拒絕老闆某些要求或任務時，你還得學會漂亮的 say no ！敲黑板：高情商漂亮 Say No ＝有條件地 Say Yes

探尋高情商的溝通方案之前，永遠是先透過「改寫信念」以做到駕馭情緒，這樣你就會慢慢體會到平靜的力量。

高情商的向上溝通，不需要你委屈著自己，更不支持你負氣就走人，它需要你時刻記得「雙冰山模型」，並時常提醒自己「雙方的動機到底是什麼」，慢慢地你就會發現自己處理問題的能力越來越漂亮。

第三章

高情商 HR 的平行管理

HR 在企業內部的特殊性有很多，其中，與各個部門都會產生平行互動的特點，就意味著比任何部門都會更高地產生跨部門衝突。所以，總有一些 HR 小夥伴會抱怨說「太難了」、「太委屈」、「真心吃力不討好」，確實，HR 的工作絕非幾大模組的專業內容，更考驗人的，絕對是高情商處理問題的能力。雖然，日常人們都把情商歸位一個人的軟實力，但在我看來，它其實是每一個職場人的必備武器，為什麼這麼說呢？

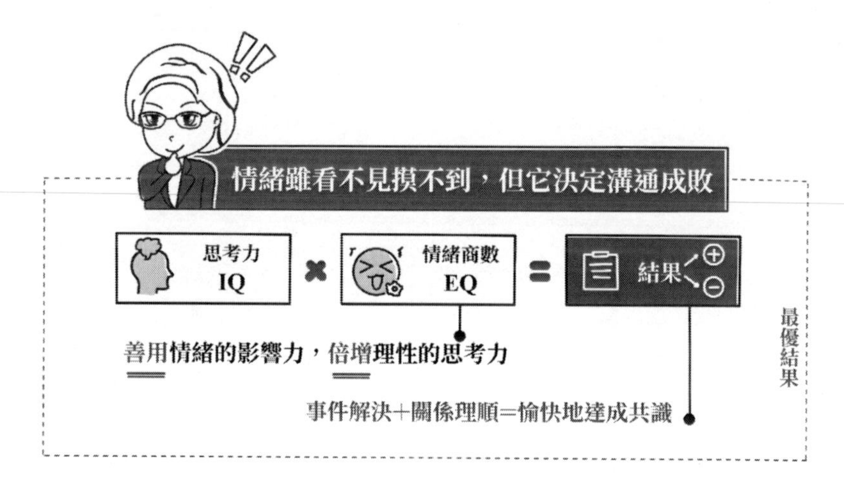

看到上圖中的公式，也許你會有點好奇：

1. EQ 前面的中文為什麼是情緒商數；
2. IQ 與 EQ 之間為何是乘號的關係；
3.「結果」的加減又意味著什麼？

事實上，EQ 這個詞最早被發明時，並不叫 EQ 而叫 EI —— Emotional Intelligence，就是情緒商數。只不過心理學家包括後來的管理學家，在把這個詞推廣沿用的過程當中，希望它能和另外一個更耳熟能詳的詞作呼應（顯然就是 IQ），因而把 EI 改成了 EQ。可問題是，當這個詞成為 EQ 之後，反而弄暈了大部分人，很多人會誤以為 EQ 的關鍵詞是「情感」或「愛情」。但追根溯源至「情緒商數」，你才發現 EQ 的關鍵詞就是情緒。情緒雖看不見摸不到，但它決定著溝通的成敗。而且，其影響力能讓 IQ 智商與思考力倍增，當然，一不留神也會更倍減其效力。

你還記得前言中「銷售部與生產部」的案例嗎？這就是平行管理中典型的跨部門衝突。接下來我會對照上圖的公式為你深入剖析，高情商的銷售部或生產部到底應該如何突破此常見的惡性循環。更重要的是，我相信如果你作為 HR，一定能從中獲得一些啟發，因為你幾乎在工作中的每一天都會遇到跨部門的難題。此案例的關鍵衝突是：業務說客戶需要提前出貨，而生產部說不行，類似的衝突幾乎存在於任何一個產業的任何一家公司，那麼，上述衝突如何破局呢？

首先，高情商的業務永遠不會做一個二傳手，二傳手的意思是，客戶說 A，業務就向內部傳 A，客戶說 B 就向內部傳 B，於是內部炸開了鍋。高情商的業務在接客戶電話的那一刻，會合理管理客戶的期待值，同時，問清楚變化背後的來龍去脈，而此刻業務需要思考的是：有沒有可能不去破壞或大動生產部的計畫，用其他方式來滿足客戶的需求呢？這樣一來，內部的跨部門衝突將會大大減少。

其次，高情商的生產部門應該支持的是什麼？兩個字：彈性，彈性並不意味著業務說 A 我就答應 A，業務說 B 我就答應 B，要知道那只是迎合，而彈性表現在「我能夠理解並支持業務的感受」，什麼意思呢？如果業務仍然做了二傳手，但生產部的情商提高了，那麼，他在接電話的那一刻，一定不會簡單地丟擲「不行」這兩個字，而會說：「我可以理解你在面對客戶經常變來變去的時候，壓力也真的是很大的。」（說出業務冰山底層的感受）此刻業務的感覺一定是被理解，再接下來，生產部可以繼續說：「兄弟，你能不能再打一個電話給客戶，問清楚他這個背後的來龍去脈，我來看一看有沒有可能不大動我們的生產計畫，而分批次地滿足你客戶的需求呢？」如此一來，即便業務的情商沒有提高，但剛才那個被卡住的問題仍然可以漂亮解決。

這就是高情商的最優結果，它必須同時滿足：事件解決和關係理順，而日常很多問題的解決卻會以「關係」為代價，猶如此類衝突在職場最可能後續發生的，就是各自向經理告狀，如果兩位經理仍然以衝突收場，那就繼續向上哭訴，最終無論老闆說誰贏，另一方都會埋下一顆「情緒」地雷，未來再找合適的機會「引爆」。所以，在職場看似有很多「事」搞不定，但其實真正搞不定的是「人」，也就是關係，當然，我也需要說明一下，「關係理順」並不等於 100% 的雙方愉快，但至少可以做到不把關係搞僵。畢竟，有些情境確實需要某一方更多的讓步，甚至傷害到他的某些利益，但如果另一方不再是「就事論事」地要求他讓步，而是用深層次理解的方式表達對他冰山底層感受和動機的認可（這就是「同理心」溝通），此時他的讓步會是因理解而妥協，不是因無奈而放棄。

所以，高情商的人，既擁有感性溫暖力，又擁有理性思考力。尤其對 HR 而言，從事的是人力資源的工作，但弄不好就很有機會得罪人，比如，公司新發表一系列人事方面的制度，很可能就會動了某些人的乳酪，而此時如果你在下達時只是停留於冰山表層，強調「制度是什麼，主管為何這麼制定」，顯然風險就很大，所以在下達前，你就應該先思考：誰會不爽？他們因何而不爽？就算你沒有解決方案，但當你在和「他們」的溝通中，能夠隨時用同理心的方式來表達對他們的理解，同時也表達自己作為「二傳手」的為難，那他們真正為難你的機率就會降低，這就是一種「關係理順」。而如果你還能帶著解決方案來做高情商溝通，那更可能成為「皆大歡喜」。

如此這般的「感性溫暖力＋理性思考力」，怎不是每個職場人尤其是 HR 的必備武器呢？由此，在本章的後續兩節實戰篇，為你準備的分別是招募和培訓的主題。即便這兩個主題與你現在的本職工作沒有必然關聯，請放心，我並非人力資源專家，所以，我剖析的角度絕非 HR 專業，而是與「人」相關的共性話題。

招募如何能夠力

【請你帶著這些問題閱讀】

招募明明是 HR 的專業，但為什麼總會被用人部門質疑呢？

招募需求到底該如何挖掘，才能為用人部門找到 Mr. Right ？

多年前聽到一位 HR 小夥伴的抱怨：招募條件需求多，還很會甩鍋！你一聽就明白這句話的主語應該是誰，而且你還不能說這是一句帶著情緒的評價，因為有跡可循啊。比如，某部門因為沒完成 KPI 而被老闆批評，結果不甘示弱道：「老闆，這不能怪我啊，都怪 HR 沒有及時給我招到合適的人，人手不夠啊！」更氣人的是，HR 偶爾發條動態還有人評論「還有空發動態呢！我的人什麼時候到呢？」哎，一句話總結：做 HR 真是心累……

負責招募的小夥伴，大多都有這樣的困擾：

1. 辛苦找來面試的候選人，結果卻被用人部門給了負評，甚至還被投訴「HR 不專業」；
2. 用人部門時常發來緊急需求，可是人才市場裡能立即匹配的根本就沒有，結果又被投訴「HR 不夠力」！而事實上，大部分小夥伴明明既專業又敬業，卻揹著這些負評，你說冤不冤？

千挑萬選的候選人為什麼總被評價為「不合格」？

回顧第一章「自我管理」篇的重點，從覆盤中找到一個最匹配上述問題的工具，我們再進入問題解決篇。第一章有四個小節，分別是：你的溝通為何總陷入崩盤或尬聊，無處不在的「溝通漏斗」到底誰買單，邁向溝通高手的底層邏輯入門篇與進階篇。第一節解決的是情緒認知，它是提升情商的基礎，也是貫穿情商力和整本書的主線；第二節透過「溝通漏斗」這個工具提升思維模式，因為日常我們遇到「溝」

了不「通」的情境，總認為是對方的問題，但漏斗更想提示的是「我如何買單」；第三、第四節中，分別透過「雙冰山模型」和「情緒 ABC 理論」這兩大工具，讓我們坐擁成為高手的底層邏輯。

為什麼 HR 和業務的招募需求總是對不上

那麼，在招募的這個問題上，我們需要把「溝通漏斗」請回來做深入的拆解。

HR 接到用人部門的招募需求，這個過程中 HR 在漏斗下端，而用人部門在漏斗上端。可能此刻你會覺得，在聽懂需求方面似乎不存在漏斗，但我想說：一定有！為什麼我敢如此篤定呢？舉例說明，假設銷售總監對你說「請招一名資深業務員」，你一定會問他標準是什麼，於是他說：五年以上、同行經驗、目標導向。此刻，你會如何回應呢？這個問題，我採訪了好幾位銷售總監，他們無一例外地告訴我，曾經聽到的來自於 HR 的回應基本都是「好的」。接下去又會怎樣呢？ HR 初試後交由銷售總監複試，結束後總監對候選人不滿意，原因是：一點也不符合「目標導向」的預期！為何會是如此尷尬的結果呢？答案就這四個字：溝通漏斗！

運用漏斗，探尋問題的根源與解決方案

HR 明明按照銷售總監的三條標準選來的人，但為何還是不符合預期？原因在於「目標導向」這條標準很難像前兩條一樣量化，所以，如何將銷售總監腦海中的這幅畫面予以清晰化，其實是 HR 小夥伴的重任，否則，當你帶著自己對這四個字的理解去選人，出事的機率會非常高，這就是「溝通漏斗」惹的禍，說白了，你和他對於「目標導向」的理解壓根不是一回事。如何從漏斗的陷阱裡爬出來，弄清楚銷售總監對這四個字的理解呢？

首先，我們先研究一下，當你帶著自己的理解去選人，你會如何選？

1. 透過自己設計的一些問題在初試時問候選人；
2. 透過相關的測評工具邀請候選人進行測試，若結果呈現對方是黃色、力量型、老虎或 D 型，那就是他啦！

其次，我們來剖析一下上述方法的問題在哪裡：1. 從你經驗角度設計的問題，往往和銷售總監在複試時問的問題不一樣，所以你們的結論就會不一樣；2. 測評工具的局限是，對很多面試高手而言，他們很清楚地知道從公司或職位角度，希望看到什麼樣的結果，所以他們測試時多半會以「應該選什麼」為標準，而非「我的反應是什麼」，由此，你相

中的只是一個理想的「他」。

最後，我們來解析應該如何破局：1. 聽完「目標導向」這個形容詞的標準，千萬別用「好的」給自己挖洞；2. 用高情商的方式學會同理＋提問：「目標導向確實是一個好業務的標配，為了在這一點上找到符合您預期的候選人，我想多花一些時間跟你在這項標準的細節上達成共識。初試時我可能會問……這幾個問題，不知道您怎麼看呢？」此時，他會非常樂意和你一起探討哪些問題是有效的，這樣才是配合他做好一致性篩選的基礎，也會避免你們之後陷入溝通漏斗的窘境。3. 測評工具的結果只能做參考，它只是輔助手段，而你要有能力做真正的主角。假設對方的測評結果，就是與「目標導向」非常一致的黃色、力量型、老虎或 D 型，接下來請學會提問：「測評結果顯示你具有很強的抗壓性（目標導向的人一定抗壓性很強），這一點我非常關注，所以，我很想聽聽與你相關的故事，是你認為最能展現自己抗壓性特質的，工作和生活各一，可以嗎？」於是，你透過「故事」再來判斷他是不是 Mr. Right ！

Tips：聽故事的過程，你如何確定對方符合標準？

上述第三步中的那個問題，也許你並不覺得它有多高明，因為很多人都會透過讓對方舉例來展開面試，但其實，難點就在於聽故事的時候，怎樣才能判斷符不符合標準。我為你提供的小撇步，仍然是「溝通漏斗」，我不是在糊弄你，且聽我細細道來……

當你的腦袋裡隨時揣著「溝通漏斗」，它就會提醒你：避雷！比如，當對方說：「曾經有一次臨近合約期限，客戶居然單方面提出毀約，當時我非常震驚但並沒有放棄，我想盡一切辦法最後仍然將合約如期執行了……」這段話你一定能聽懂，但聽完也一定沒有任何畫面感，所以，就算真實性不容質疑，你也很難透過這段描述來判斷對方到底是不是很抗壓，因此你需要問細節性的問題，讓這件事的畫面感能夠在你的腦海中清晰地呈現出來，猶如你剛剛看過一段短影片一樣，這樣你才能判斷：那件事是不是真的很棘手，他說的「想盡一切辦法」是不是真的很能說明他的抗壓性和目標感。你看，這就是你在不斷地提醒自己「溝通漏斗」而規避的風險，此風險就是：哪怕對方的故事是真實的，但是否能足以證明總監所期待的「目標導向」。

當然，刻入你腦海的「溝通漏斗」並非想讓你成為一個「懷疑他人」的人，它只是提醒你不斷去校準「他表達的」和「我理解的」之間的落差，因此，當你提問時，千萬別掉入另一個陷阱：給對方被質疑的感覺！為什麼你一不留神就會掉入此陷阱？換位思考一下，當你不斷地被他人連環問（尤其問細節）的時候，是不是本能就會覺得「你是在質疑我嗎」，所以，再次強調：高情商提問必須先同理，因為若不同理就成質疑。

比如：「這個情況太挑戰了，當時你是怎麼想的呀？太厲害了，那後來你想了哪些辦法呢？你剛才說的……這個辦法真不一般，哎，我很好奇，客戶之前為什麼會毀約呢？」這些問題是不是讓你感覺很想回答呢？因為，每個問題前面，我都先同理了對方冰山底層的感受或動機，這樣傳遞給對方的是一種積極的訊號，所以他願意回答。這也是為什麼本節伊始我先為你複習第一章要點的原因，還記得嗎？「情緒」是貫穿情商力和整本書的主線，換句話說，情緒沒有調頻至積極狀態，好事也會變成壞事。

以上就是我透過招募業務員的真實案例，來拆解候選人不符合預期而被評「HR 不專業」的原因和解決方案。至於緊急需求找不到合適的候選人而被評「HR 不夠力」，原因還是「溝通漏斗」，解決方案如下：

1. 越緊急越必須了解清楚需求的原因，比如，需要該職位解決什麼方向的問題，以及招募的具體標準，否則，後患無窮；
2. 選人的過程中 HR 遇到的難題和嘗試的方法，需要階段性地提煉並彙總給用人部門，並不時詢問「如果沒有完全符合的候選人，哪些標準可以弱化」這類的問題，讓對方感受到你的用心和為結果的操心，千萬別到了時間期限只是通知對方噩耗，這樣往往會讓對方會誤以為「你什麼也沒做」。

【可 E 姐給你劃重點】

對於很難量化的標準，HR 的重任就是予以清晰化，否則，當你帶著自己對這個標準的理解去選人，出事的機率會非常高，這就是「溝通漏斗」惹的禍。

測評工具只是輔助手段，高情商的提問是關鍵，無論是與用人部門負責人的事先確認，還是過程中邀請候選人的故事描述，都是避免漏斗陷阱的良方。

培訓如何能落實

【請你帶著這些問題閱讀】

培訓明明是 HR 的專業，但為什麼總會被需求部門詬病？

培訓挑選供應商或培訓師，到底什麼才是能實際的標準？

日本管理之父松下幸之助曾說：松下公司與其說是製造產品，倒不如說是造人。這句話意味深長，尤其對與「造人」最相關的部門 HR 來說，絞盡腦汁地就想為組織「造」出合格的人才，但現實又是什麼呢？

HR 苦口婆心地告訴老闆：培訓非常重要，不僅提高員工的素養和能力，還能提高企業的效率和效益，甚至是企業在競爭中立於不敗之地的關鍵。於是，不同形式的培訓在企業進行了起來，但是，當「熱情燃燒的歲月」褪去之後，HR 卻發現員工似乎收穫並不大，還總抱怨培訓耽誤時間，而老闆的臉色……

負責培訓的小夥伴，大多都有這樣的困擾：

1. 明明是滿足業務部門的培訓需求，可就因 HR 承擔出勤率指標，結果臨到培訓時反倒成了他們配合我們；
2. 明明是他們說要找大咖來培訓，HR 千挑萬選請來培訓後，他們卻輕描淡寫地評價為「不太實際」！哎，HR 小夥伴有時候真的如竇娥一般的冤啊，怎麼辦呢？

情境一：明明是滿足業務部門的培訓需求，怎麼到頭來反倒成了他們配合我們？

比如，培訓考勤的 KPI 往往不由業務部門承擔，而是由 HR 負責，所以，一到培訓現場我們就得承擔催促和提醒的工作，可是這項工作本身沒什麼問題，有問題的是當我們催促、提醒甚至懲罰了，業務部門的老大和員工就不開心了，但他們更應該思考：嘴上說培訓很重要，可開始時為何優先順序卻自動排名最末？

這就是問題的癥結點，提出需求時十萬火急，參加培訓時卻自動靠後，這到底是為什麼？真的是需求部門的人都口是心非嗎？ No ！正解是：人都是趨吉避凶的動物。所謂「趨利」，指的是提出需求時腦海中浮現的是：如果培訓成功實施，將會產生哪些美好的畫面；所謂「避害」，指的是參加培訓時一旦有安排衝突，腦海中馬上開始計算得失的優先次序，開會 vs. 培訓、見客戶 vs. 培訓、老闆臨時任務 vs. 培訓，你發現了嗎？此時換作是你，也多半會將培訓自動靠後！為什麼？因為它看起來最沒有代價，而其他安排如果不進行看似都有後果，這就是人性。所以，如何破局呢？很顯然，就是為「培訓」這件事安裝「後果鍵」。【敲黑板：人性必然趨吉避凶，請為培訓安裝後果鍵。】

分享一下惠普和賓士的做法，相信會對你有啟發。我的情商課程在 2013 至 2015 年被惠普連續採購三年，於 2016 至 2018 年被賓士連續採購三年，我驚訝地發現這兩家毫無關係的企業在這個問題上居然驚人的相似。每次我上課之前，都會有 HR 同仁負責開場，而開場內容的其一就是宣讀「遊戲規則」。規則大致是：如果缺席或無故提前離開，將會收到

HR 部門的警告信，兩次後則取消下一次的課程報名權。

雖然這是內部公開課的規則，但我相信內訓仍然有參考價值，而且，這裡的重點是，即便考勤仍屬於 HR 部門的 KPI，但我們還是可以設計與之相關的制度，與「當事人」的代價直接掛鉤，這樣他們在突發性狀況做優先排序時，才會重新評估「培訓」項的次序，而非如以往般不假思索地將其自動列為最後項。

當然，這也引申出了另一個問題：如何能夠將培訓讓大部分人列為優先項，其實關鍵就是培訓效果。換言之，培訓效果越好大家就越珍惜，而效果或口碑越平平，那類似的規則就越沒有約束力。我相信，惠普和賓士之所以能用「兩次警告則取消一次報名權」來約束大家，就是因為 HR 團隊對課程效果相當有本錢。如果用我的課程來舉例，HR 的本錢用什麼來證明呢？很簡單，每次報名連結一旦開放，五分鐘之內 25 個席位一定被秒殺結束，26 到 30 號為候補席，開課前正式席位有人請假則候補晉升。你看，大家搶著來上課的正循環，怎會不讓 HR 輕鬆？

重點也來啦，你作為 HR 如何能開啟這樣的正循環按鈕呢？我們進入情境二。

情境二：明明是他們說要找大咖來培訓，怎麼我們千挑萬選請來後卻又給差評？

比如，銷售總監提出團隊業績需要提升，希望聘請銷售領域的大咖來培訓，我們趕緊連繫培訓機構開始挑課程、選講師，而這兩天培訓的挑選標準與流程，絕對不亞於任何一項百萬預算的篩選 SOP，結果大咖講完課，他們卻輕描淡寫地評價了八個字：講得不錯但不切實。我們 HR 也太難了！

這個情境是企業內訓，而惠普和賓士的例子屬於企業公開課，但其實對於 HR 來說的難度是相似的，甚至從某種角度而言，公開課的匹配度難於內訓，因為公開課是對全員開放的，更有可能眾口難調，而內訓不是同一個部門就是同一個職級，相對會更有針對性。所以，接下來我分別以培訓師和培訓機構負責人這兩個視角，來談談企業內部的 HR 如何能投了精力還得好評。

首先，我從自由培訓師的身分來談談，我是如何讓 HR 因選擇了我而確保了零風險。仍然用惠普和賓士來舉例，和惠普及賓士簽約是因為第三方專業培訓機構的推薦，我們之間皆有多年的合作與默契。但是，機構再有品牌力、顧問再有影響力，也很難一次性簽三年的約，所以，從內部公開課的角度，兩家企業大學都有一道命題才是關鍵。

惠普先提了一個主管級的內訓，如果本次培訓的回饋達到多少分則列入公開課的三年計畫，事後我才知道惠普的主管內訓向來都是挑戰指數最高的，而當初幾乎所有進惠普的課程都需要先過這一關，我就是在 2013 年的 3 月分因挑戰成功而開啟了三年之約。那麼，賓士的命題是什麼呢？不是內訓而是 HR 團隊的試講會，兩個小時的 Demo 如果能過了他們的法眼，那麼就有機會進入到後續的採購環節。我用這兩個例子說明的是，如果你負責企業內部的公開課招標，千萬不要只是因培訓機構的品牌或顧問的推薦就開始比價，而是你得出一道相當有難度的命題，讓被推薦的培訓師實地接受考驗，而非只是看履歷或電話會議就做出決定。那麼，如果你負責內訓又該如何把關呢？

接下來，我以培訓機構負責人的視角來聊聊，企業 HR 應該如何挑選中意的專案。我從 2010 到 2015 年都是自由培訓師的身分，但我在 2015 年底做出了一個大膽的決定：砍去 2016 年與某機構的 60 天全年公開課計畫，因為從 2016 年開始我要培養講師團隊，我必須把自己的全年課量從 150 天下調至 80 天左右，才能有足夠的精力培養人。那麼，我為什麼要如此冒風險地去培養人呢？要知道，這個問題可是當年好幾位關係很近的機構負責人問我的問題，他們都說「幾乎沒有講師願意培養人，俗話不是說餓死師父嘛」，當年的我一拍胸脯說：我有心理準備，但我一定不會餓死！其實還有一句話也是我的心聲：我想做培訓的深度。

對，「深度」這個詞就是我想跟你聊的重點，也是所謂「中意的專案」真正的考量標準，如何理解呢？企業大部分的內訓需求，都不是單課而是專案，比如，中層管理者的領導力專案、業務／客服團隊的服務力專案，每個專案中一般都會有不同課程的搭配，而我發現大部分的專案都只停留在了「寬度」。舉個例子，2012 年 12 月，我受邀為一家融資租賃公司的管理層做培訓，主題是「心理學在領導力中的運用」。培訓前我問機構的顧問「這些學員還上過哪些課」，他說：「這家公司很有錢，每個月對管理層都會安排一門課，整個領導力系列您的課是最後一堂，前一個月的主題是跨部門溝通。」當時我的心裡就咯噔一下，咯噔的不是「有錢」，而是月月都上課，「每一門課之間有關聯嗎」這是我心裡本能的問號。

果不其然，我的擔心立即得到了驗證，同一批學員當年從 3 到 12 月一共學 10 門課，而這 10 門課之間都是獨立存在的，那麼問題是什麼呢？消化不良！比如，11 月的跨部門溝通這門課包含 DISC（Dominance 掌控型、Influence 影響型、Steadiness 穩定型、Compliance 分析型），而我這門課的重點是 FPA 性格色彩，你可能會說反正都是心理學不矛盾呀，可是我想說：確實不矛盾，但學員無法融會貫通。剛剛入門了 DISC，現在又來了 FPA，它們之間有何關聯？如何運用？哪個更好用？這些問題是困擾於學員心中的真實問題，但往往他們不會去問 HR，也不一定會問老師，因為問了也多半沒有人可以解答，可是，困擾卻真實存在。

所以，站在參訓學員的角度，每月學一門課看似是公司的激勵或福利，但其實一年學了十門課又有多大的可能將其融會貫通呢？要知道：上 N 門課想讓學員融會貫通，根本行不通。所以，那次上課的時候，我首先分享的是 DISC 與 FPA 之間的相似和差異，然後解析的是兩份測試報告的解讀如何結合，最後再剖析的是 FPA 在領導力中的運用。我為何特意增加了前兩個部分？因為我知道那一定是學員想知道卻又提不出來的需求。

我分享這個案例的用意是什麼呢？HR 需要擁有學員視角來選擇專案，與其某個專案裡面是 N 個課程的寬度疊加，還不如這樣來選擇有「深度」的專案：第一類，專案中是否有一位或幾位老師，能將 N 個課程中的某些知識點做串連，便於學員融會貫通地將不同課程的關鍵要素，做整合性的理解與消化。比如，上述我舉到的 DISC 與 FPA 融合的例子，又或者，我曾經在一些內訓專案中，將「情境領導 II」與「情商領導力」做知識整合，這樣對於學員的理解和應用大大造成了加分作用，所以，學員評估的高分就不僅僅停留於課程是否有趣、印象是否深刻，而是整個領導力專案是否對於認知提升和行為改變有價值，如此一來，HR 就根本不用擔心自己費心引進的培訓專案最終評價不高了。

第二類，專案的課程門類不一定很多，但其中有一門或幾門可以真正落實，比如，不再是 N 個課程的打包組合，而是某個課程的培訓與輔導的深度結合。舉個例子，我擅用這樣兩種方式為企業做有深度的專案設計：1. 以情商為主線設計不同課程，為同一批學員服務，核心是真正學會將情商思維與能力用於不同的領域，比如，2018 年在某醫療器械公司的管理層年度培訓，正是以情商為核心、包含五門課程的專案，分別是：心理學如何知人善任、跨部門溝通與合作、高情商問題解決、教練式員工輔導與願景工作坊，一年下來學員的感觸和收穫至今仍歷歷在目；2. 以情商為一門課程，結合後續若干次的團隊輔導，將理論與實踐真正做到融合以提升學員的情商力，比如，2019 年在某貿易公司的全員年度培訓，先以標準版情商課程做全員普及，之後將員工和管理層分班進行四次的實例輔導，結合各自在應用中的實際問題做剖析和解決方案的梳理，專案結束時，無論是學員還是企業端的回饋都取得了空前的好評。

因此，我用自己 14 年來服務企業培訓專案的體驗，最終提煉的「深度」二字，也是送給所有在企業內部的 HR 同仁一個考量的標準，這個標準最大化地滿足了學員的需求，也是讓培訓真正能落實的關鍵。畢竟，沒有人希望自己勞心勞力的選擇，最終卻不被員工認可，甚至還遭遇投訴，當我們用高標準即深度去篩選的時候，「培訓落實」這個目標才有了保證。

【可 E 姐給你劃重點】

HR 希望全員都能將培訓列為優先項，其實關鍵就是培訓效果。換言之，培訓效果越好大家就越珍惜，而效果或口碑越平平，那所謂的規則就越沒有約束力。

HR 需要擁有學員視角來選擇專案，與其某個專案裡面是 N 個課程的「寬度」疊加，還不如這樣來選擇有「深度」的專案：要麼能融會貫通，要麼能落實輔導。

績效面談如何談

【請你帶著這些問題閱讀】

面對績效靠後的員工，平行部門的面談為何總是流於形式？

績效面談到底怎麼談，能讓平行部門管理者實現輕鬆應對？

「我想和你簡單聊聊年中績效考核的事情，不會太久。」

「哦，好吧。」

「你的上半年業績整體來說還可以，但相比較於其他同事，還是有比較大的進步空間，所以我給你的綜合打分是B＋，你也談談自己的看法吧。」

「目前的市場情況你也是知道的，我已經很努力了，我覺得上半年的績效還是不錯的，至於沒有達成的幾項指標，其實都是有其他原因的呀。」

「原因是有很多，但是你不要總是找外部原因嘛。」

「可沒有及時的支援和資源，我也沒有辦法啊……」

一場尷尬的績效面談就這樣戛然而止，管理者很無奈，員工也很委屈，所以，對雙方來說，績效面談都頗為頭痛，甚至很多管理者問HR：績效面談不得不談，請問到底該怎麼談？

本節我們透過一個實際案例來進行還原、診斷和解析的環節……

案例背景：

談到「績效」就離不開「面談」，瞬間，就戳中了幾乎所有管理者和HR心中的痛，因為績效面談最容易揭開的畫面就是：尷尬……

而尷尬還分為不同的類型：員工不接受考核結果、員工感覺不公平因為老闆憑感覺打分、員工抱怨只有結果卻沒有輔導的過程、員工不在乎績效考核墊底，而更尷尬的是來自於業務部門對 HR 的抱怨：業務太忙根本無暇面談、非要面談就是人為製造衝突！於是，HR 很鬱悶：績效面談明明是部門負責人的職責，但為什麼到頭來卻成了我們在搞事情？！

HR 部門根據績效為每個部門做了一份常態分布圖，希望部門負責人進行一對一的績效面談，尤其針對分布圖兩端 20% 的員工要進行重點談話，讓優秀的更優秀，讓後段的能進步。可任務傳達後，各部門負責人有的怎麼催也完不成，而有的雖完成了也是在敷衍了事。最令 HRD 頭痛的是：「居然好幾位負責人與後段員工面談時的開場白，竟不約而同的是『其實不是我想找你談話，是 HR 一定要我來跟你談談績效的問題！』他們這不是在推責嗎？！」

問題癥結：

平行部門的負責人為什麼會把球踢給 HR 或高層呢？這個問題在我看來，其真正的原因是：他們不具備駕馭高難度談話的能力！

事實上，「給負評」對於大多數管理者（包括 HR）來說都是挑戰，畢竟，要面對每天抬頭不見低頭見的同事，並告訴他業績靠後甚至墊底，這不是一件輕鬆的事，我們多半都會擔心對方聽完負評很不爽，那以後該如何相處呢？所以，我們一般都很樂意和前段或中等員工面談，因為談話氛圍必然愉悅或平靜，但一想到要和後段員工面談，整個人都開始緊繃。而在這樣的壓力之下，「趨吉避凶」的人性會令很多人產生「逃」的欲望，但作為管理者的職責所在，身體逃不走、心早已逃走，於是，此時的言行就自然而然地會把 HR 搬到了自己的前面。搬出 HR 的初衷是什麼呢？其實並非踢皮球，而是擋子彈啊！換言之，他部門執行不到位，往往因畏難而想逃。

案例解析：

透過上述分析，你顯然明白了答案並不在於如何讓管理者擔責，而是 HR 如何賦權管理者擁有高難度談話的能力。那麼，第一步是什麼呢？

◆ 1、HR 先擁有高難度談話的能力

因為事實上，這項任務的傳達原本就是一場高難度的談話。難在何處？高情商 HR 在傳達任務前就應該預估：部門負責人接收這項任務時，內心感受是什麼？輕鬆還是艱難？如果很艱難，那麼他們會不會因為畏難情緒而執行不到位？這些問題其實就是溝通漏斗的實戰運用，換句話說，無論 HR

郵件還是面談方式釋出了任務，接收方的「好的、收到、知道了」等回覆，並不等於他們發自內心的接受，而這一層的漏斗就必然決定了結果會「漏」得更嚴重。

所以，高情商 HR 帶著「漏斗無處不在」的意識，預估這一系列的問題多半會出現，於是就會調整自己的方式：

1. 這類有挑戰的任務當面溝通遠勝於郵件，因為郵件很難達成真正有效的雙向互動；
2. 當面溝通時切不可就事論事地下達任務，而應結合同理心開啟對方的話匣子，比如，目前公司確實需要負責人與常態分布兩端的員工進行重點談話，所以我猜想和後段員工的績效面談，可能會給大家帶來一些壓力，不知道你的感受是什麼呢？
3. 針對對方的具體顧慮給予指導性的建議。這樣深入的溝通才開啟了 HR 與平行部門負責人之間的高情商互動，那接下來的第二步是什麼呢？

◆ 2、HR 再賦權於管理者談話能力

接下來，HR 要把高難度談話的能力複製給管理者，其原則是：1. 設計一個高情商的開場白，尤其針對後段員工的感受先進行同理，比如，這次的績效考評你排名倒數第二，

我知道對於這個結果你也並不滿意，是這樣嗎？（如果對方一向知道自己的績效在什麼位置，那就用「不滿意或沮喪」等關鍵詞來同理；如果對方不太清楚的話，可以用「不滿意或驚訝、不服氣」來同理）2. 根據管理者對員工的細節了解和對方的真實回饋，給予積極的回應，比如，其實我研究過你的業績狀況，雖然整體結果確實不令人滿意，但我發現你的……（如：客戶拜訪率、電話時長、客戶滿意度）這些方面還是不錯的。3. 針對未來可提升的空間進行討論和指導，比如，這次面談我很想針對你的……這些方面，跟你一起來探討如何提升，你看好嗎？

如此一來，後段員工的績效面談就能談出新高度，因為員工感受到的不是被挑剌和不認可，而是來自於管理者的「看見」和可預期的成長空間，所以，面談能突破尷尬，源於員工被看見。由此，員工對接下來的面談會很有意願，而非以往可能更多的是抗拒。同時，對於管理者而言，這三個步驟可以將談話氛圍掌控在積極的頻道，雖仍有壓力但過程和結果整體比較愉快。而這樣的方式不僅拉近了上下級之間的關係，更實現了後段員工可進步的目標，從而，突破了將績效面談停留於以往流於形式、且多半尷尬的情境。請記得：談話議題可能很挑戰，但結果卻可以很愉快。

◆ 3、HR 心態賦權：績效面談的高情商

在一次與 HR 夥伴的研討中，一位 HRD 提出這樣一個困惑：「剛才我們討論績效面談時，似乎有一個關鍵點，就是最好不要讓員工感覺不舒服，那麼，這樣會不會在某種程度上，讓他無法意識到問題的嚴重性呢？畢竟，從企業的角度，明明是他可能會面臨淘汰，我好像還要哄著他，這個『後果』和『客氣』之間的尺度該怎麼掌握呢？」

我覺得這個問題很好，它反映了在真實情境中 HR 的兩難，一方面要讓後段或墊底的員工意識到問題的嚴重性，另一方面又要顧及感受而不能搞僵談話，所以，「尺度」的掌握在於「溫柔而堅定」的高情商。

溫柔在於兩點：

1. 語氣平和、表情柔和；
2. 措辭上要用同理心展現對他的理解。

堅定也在於兩點：

1. 問題的嚴重性無需遮掩；
2. 提升的改進性必須談透。

所以，談話不讓員工感覺不舒服，不等於讓他沒有任何壓力。

以往，我們只是堅定地展現了問題的嚴重性，而缺乏對員工在感受層面不滿、不服、沮喪、困惑的理解，同時，在改進點上也只是泛泛的建議，而非具體且有針對性的指導，所以，這些「不舒服」的感受令員工處於牴觸情緒中，自然也就缺乏上進的動力。現在，我們的調整就是落實「溫柔而堅定」的高情商。

Tips：警惕「三明治」回饋的風險

「三明治」指的是：肯定＋建議＋期望，談話往往會從表揚對方的優秀行為開始，那風險是什麼呢？進入第二步「建議」時，必不可少地會用到「但是」，於是，對聽者來說Get 到的重點就是先揚後抑的「抑」，也就是管理者對自己不滿意的部分，很顯然情緒的曲線就會下跌，所以我建議你刻意訓練自己學會先抑後揚的「但是」。

「小王，你上半年的整體表現在 A 方面很好，但是在 B 方面還是比較弱，我對你的建議是……，希望你在下半年有……的提升。」VS.「小王，你上半年的表現在 B 方面沒有達成預期，但是我發現你在 A 方面表現很不錯，尤其是……的細節讓我感覺你很善於……，我相信你一定希望在下半年有提升，所以，我對你的建議是……，期待你接下來有……的提升。」

如果你是小王，更樂於聽到的是哪個版本的回饋呢？我相信你一定能體會到先抑後揚版本「但是」的魅力，期待你在實戰中應用起來。敲黑板：低情商的「但是」先揚後抑，高情商的「但是」先抑後揚！

【可 E 姐給你劃重點】

面對績效面談，平行部門的負責人為什麼會把球踢給 HR 或高層呢？這個問題在我看來，其真正的原因是：他們不具備駕馭高難度談話的能力！

後段員工的績效面談，HR 首先得用同理心的方式進行高情商的任務傳達，然後再是將高難度談話的能力賦權於管理者，讓他們有能力輕鬆應對。

「溫柔而堅定」是高難度談話的重點，溫柔在於兩點：

1. 語氣平和、表情柔和；
2. 措辭上要用同理心展現對他的理解。

堅定也在於兩點：

1. 問題的嚴重性無需遮掩；
2. 提升的改進性必須談透。

第四章

高情商 HR 的向下管理

借用一段上下級溝通的劇本，開啟本章……

劇本背景：

有這樣一個片段，劇本裡兩位男主角，他們都是一家醫院神經外科的名醫，一位是已故老院長的兒子 A，性格外向且風流倜儻；另一位 B 沒有任何家庭背景，性格內向且傳統保守，他們對於什麼樣的病例必須動手術，原本就有著觀念上的分歧，而現在……

A 正在追一個女孩，而這個女孩也是一位退休醫生的女兒。原本退休醫生只是到醫院來做體檢，並檢查一下牙痛的問題，沒想到卻查出了腦瘤。A 作為主治醫師主張手術，而 B 不僅認為沒有任何顯性症狀的小腫瘤無需開刀，更認為 A 是因為追女孩求表現這樣的私心而要動刀，於是，溝通伊始，他帶著學長和上司的雙重身分向 A 發難了。

B：就這麼一個小瘤，你要開刀？什麼是 95% 的成功，5% 的失敗？有這麼勸病人開刀的嗎？

A：老大，我在醫院開刀十年，這種手術沒有一例失敗。我徵求過他們全家人同意，他們全家人同意，我才這麼說的。

B：我看你是談戀愛談昏頭了，任何手術沒做之前誰都不知道結果。我們開刀的原則是如果為了挽救生命，有 1% 的可能也要做，如果不是的話，有 99% 的安全也不做。這原則誰說的？

A：我爸說的，所以你們不敢反駁嘛，可是我認定這個道理到了今天不適用，30 年前做任何一例手術，風險都比現在要大得多。你在 30 年前能想像現在有顯微外科嗎？現在做這個手術的成功率有 99%，我放著 99% 的成功率我不做，我等著到 1% 的時候再做？

B：這個腫瘤對這病人的生活沒有任何影響，我們都知道，世界上大部分人都是帶瘤生存，有些根本就不生長，不會影響到生命。

A：帶瘤生存和不帶瘤生存的生命狀態完全不同，在生命品質上有天壤之別。

B：告訴你，我們前一段的醫療官司到現在沒有了結，我反對你這樣冒險行事，尤其是在有個人情感因素在裡面的時候，我覺得你現在是喪失理智。

A：我恰恰覺得我現在是理智的，我覺得你現在像被蛇咬了以後的農夫，連井繩都不敢碰了，我不會因為一次手術的失誤，對下一次的手術失去正確的判斷，我該開的刀不敢開，該負的責任不敢負嗎？

B：這是生命，你別忘了還有 5%。

A：這個病患今年 58 歲，是開刀的花樣年華。你和我都是專業醫生，我們都知道這個腫瘤早晚越長越大。我現在不做，我等什麼時候做，等他 68，等他 78，等他瞎一隻眼，那時候就剩 1% 了，那時候安全是吧？

B：這病人來的時候，其他的都很好，就是來治牙痛的。我們醫生開刀沒有 ISO 品質體系這樣的產業標準，開不開，全憑醫生職業素養和職業道德。也就是說我們在用專業知識扮演著上帝，你要保證自己沒有魔鬼之手，面對生命我們得慎之又慎。

A：我們在醫院一起待這麼多年了，如果我的人品不好，我們不會好成現在這樣。舉賢不避親，做手術也一樣。這個女孩我追與不追，不影響我對這個手術的判斷。無論從病情到術後恢復，我認定現在是做這個手術的最好時間，我現在有 99% 的安全係數不做，我絕不等到百分之一。現在的人都快活成妖精了，都市裡的人能活到 90 歲，我絕不允許我的病患在六七十歲以後活在黑暗裡。老大，醫師的職責，除了救死還有扶傷。

B：好，但願是這樣。

雖然這段溝通的分歧算不上愉快地達成共識，但至少，B 最後是基於理解而不再反對 A。從某種意義上來說，對 A 而言已經取得了巨大的成功，因為 B 是他的好友、學長、上司，雖然不至於 B 不同意他就做不了，但是，無論是從友誼還是同事間的關係，他都很希望能得到對方的支持。因此，這段溝通對 A 而言可謂是成功的向上管理，那麼，我為何將此放在向下管理這一章呢？

高情商向下管理，關鍵第一步是什麼？

【請你帶著這些問題閱讀】

和團隊成員達成共識，你的職權效應可能會占比多少？

都希望下屬能發自內心的認同，那麼關鍵因素是什麼？

與下屬發生嚴重分歧甚至衝突，有沒有可能化解分歧？

下屬彙報工作，上司說：「我打斷一下，你剛才說的不是我的意思，我的意思是……」下屬聽完說：「哦，好的，那就按您的意思辦。」這類很典型的上下級溝通，看似達成了共識，但效果如何其實你我都心照不宣。

而開頭劇本的節選，這組上下級平靜達成了共識，屬於高情商溝通典範，那麼，誰的情商更高呢？我認為是 A，因為他沒有被 B 的情緒帶跑節奏，整個過程中是他的平靜和娓娓道來，才將起初就具有火藥味的溝通推演至了共識。因此，我想借這個片段告訴你一個重要事實：職場中如 A 般的高情商下屬是少數！換言之，千萬別期待你的下屬都具備情商力，來管理你的情緒，你得先管理好自己的情緒，繼而再影響你下屬的情緒和行為，這就是高情商向下管理的第一步。這一步其實又非常難，不信的話，我先為你剖析這段對話的腳本。

這段溝通是如何化分歧為雙贏的？

這段溝通的一開始是 B 的反對，甚至批判 A 執意開刀是談戀愛昏了頭，其潛臺詞就是，因為追女孩想在未來丈母娘面前顯示自己是外科醫生，但溝通結束，至少他在內心深處對於 A 一定要開刀的理解已經逆轉，所以，這層理解到底是怎麼發生的呢？

作為兩類完全不同性格，甚至不同時代背景成長的醫生，他們對於一個沒有明顯症狀的腫瘤開還是不開，雙方的觀念是完全不一樣的，相對比較保守的 B 認為：沒有症狀帶瘤存活的人很多，不需要去冒手術的風險，哪怕這個風險只有 5% 甚至是 1%。而對於 A 來說，雖然帶瘤生存的人確實很多，但是腫瘤的慢慢惡化會逐漸影響個人的生活品質，所以他會選擇在手術成功率最高的這個年齡層為病人操刀。

那麼，如此分歧的理念到底如何達成了共識？其實，這就是之前分享過的情商核心理念：所有的負面事件背後，往往隱含著正面動機。站在 B 的角度，他乍一聽到說，這樣的一個腫瘤居然要選擇開刀，這對於他來說是負面事件，而人的本能不是找正面動機，而是給對方貼標籤，他給 A 自動貼的標籤無外乎「出風頭、追女孩昏頭」等等，但其實經過了深入溝通，尤其是 A 非常平靜地告訴他，為什麼從觀念上他們會有如此巨大的不同，最終，對 B 來說，一樣的病例他自己仍然不會選擇手術，但是，他理解了 A 的動機之後，至少就不再反對，這就是一種雙贏的溝通。

現在你能理解為什麼我會認為，A 的情商更高嗎？因為他至少封鎖了情緒的影響，要知道這已然非常不容易，很多時候，當人們面對他人質疑甚至批判的那一刻，本能就會有情緒的反彈。猶如這段溝通的一開始，大部分外向又有能力的下屬，面對亦師亦友型上司的批判，可能就會 Hold 不住了：「我哪裡是因為談戀愛才要開刀，你也太小瞧我了吧！」如果這是劇中 A 的第一反應，那基本上他們倆就會越來越對槓，火藥味也會越來越濃。

所以，他高情商的第一點是控制住了自己的情緒，第二點他說出了自己的動機，也就是「我為什麼會選擇和大部分的你們不一樣」。其實 A 的父親也是這家醫院的老院長，很多醫生包括 B 都受到了他的理念影響，所以 A 會選擇繼續平靜地說：「我理解你們不敢違背他的意思，但是我覺得，30 年前做手術和現在不一樣……」你可以試想一下，如果劇中的他帶著非常大的情緒說：「哼，就是因為我爸說的那又怎麼樣，你們這些保守派就只會聽他的，我才不認同呢！」天吶，意思雖然差不多，但效果截然不同。

這就是為什麼高情商的溝通力，不僅僅只是在溝通的層面發揮效用，而更重要的是能夠封鎖情緒的干擾，尤其是不被別人的情緒牽著鼻子走，以及更重要的是在溝通的過程中，如果我可以努力還原自己的正面動機，嘗試得到他人理解，最後的效果就會很不一樣。這個「不一樣」意味著至少可以不衝突，我們可以選擇平靜，甚至還有可能是愉快地達成共識。

這段溝通如何能成功地向下管理？

既然劇中的這段溝通是一場成功的向上管理，那麼，我們更有必要思考的問題是：如果我是 B，怎樣可以高情商地駕馭這場向下溝通呢？畢竟，如前所述，我們不能期待下屬用高情商來管理自己，所以，如果我對自己有更高的要求，我該如何一步步提升自己的情商影響力？

放下評判：

坦白說，「放下評判」的前提是意識到自己已然生成了評判，這一步其實非常不容易，因為這些評判就是一閃而過的「標籤」，它出現得很快，日常我們根本無法察覺，怎麼辦呢？送你一個百分百有效的工具——心情日記，持續記錄十天，保證你當下察覺情緒和意識評判的能力提升至 6 到 7 分（滿分 10 分哦）。

事實上，心情日記的理論基礎就是第一章中解析過的情緒 ABC 理論，我們現在就開始將這個顛覆思維的理論轉化為實踐。具體的做法是什麼呢？每天記錄五條日記，每一條的格式是：事件 A ＋情緒 C ＋信念 B，比如：今天被老闆當眾批評了，我感到很生氣，我覺得他這樣做就是故意讓我丟臉；兒子英語考試不及格，我感到很鬱悶，我覺得他不笨就是太不上進。

這些看似「馬後砲」的練習，真正的價值是什麼呢？當我們開始用情緒的全新視角來覆盤事件，其實就是在關注以往根本不會關注的部分，這項刻意練習會不斷刺激我們並不發達的細胞，一段時間後，這些嶄新的細胞將賦予我們在事件進行時，就能敏銳察覺情緒和意識評判的能力，由此，你才能開啟「放下評判」的按鈕，並告訴自己「讓我丟臉是我的評判」、「他不上進是我的評判」。

啟動好奇：

高情商的你做到了第一步的放下評判，那麼第二步是什麼呢？啟動好奇，也就是帶著好奇心去探索對方的動機，比如，對 B 來說可以這樣問 A：「這個病例我會選擇不開，但是我相信你選擇開刀，這背後有你的衡量標準，你可以告訴我嗎？」由此一來，哪怕 A 的情商一般般，也會不帶情緒地表達自己的動機，這樣雙方就會避免因情緒化而進入 PK 環節。

因此，在我們日常的向下管理中，經常會遇到自己和下屬意見不一致的情境，尤其當這位下屬既有能力又有個性時，切勿用質疑、指責或質問的方式，讓溝通從一開口就注定了崩盤的結局。那麼，高情商的向下管理如何成功啟動呢？一句話：放下你的評判，帶著好奇心探索對方的正面動機，你會驚訝地發現「原來並非如此」。

以親子案例強化高情商的向下管理

案例背景：

此案例源自於我的一位學員的課後實際應用，培訓結束兩週後的一天，她發給我一段長長的訊息：王老師，今天我們一家三口吃早餐，4 歲的女兒拿著一顆水煮蛋，在餐桌邊慢悠悠地敲啊敲，孩子他爸看到以後的第一反應是「別敲了，趕緊吃完上幼稚園去」！沒想到女兒抬頭看看老爹，低頭繼續敲。正當老爹要發飆，我出手了……

我做的第一件事是把老公帶離了現場，第二件事我回來跟孩子說：「寶寶，媽媽剛才一直看到妳在敲這個雞蛋，是妳不想吃呢還是有其他什麼原因嗎？」沒想到孩子撇著小嘴說：「媽媽，我很想吃這個蛋的呀，但是我跟妳講，爸爸煮的蛋和妳煮的蛋不一樣，它敲不開！」接下來，我才有機會去搞清楚真相：原來老公煮完雞蛋以後，從來不會像我一樣在冷水裡浸一會兒，所以 4 歲的女兒敲不開。

案例解析：

讀到這裡，你一定會為這位年輕的媽媽點讚，因為這看似無比順暢的案例，來到我們的實際生活情境中，大部分家庭都不是如此上演劇情的。不信，我們來重新走一遭吧。

一大早的你，著急忙慌地要送孩子上幼稚園、自己出門上班，當你看到孩子慢悠悠地在敲著雞蛋，這個畫面對你來說並不希望它發生，於是，它對此刻的你而言就是負面事件。那麼，遇到負面事件的當下，人的本能會啟動一種思維方式，而這個思維必將一個巨大的問號推入了你的腦海：這孩子為什麼慢悠悠地在敲？！接下來，你也一定會自問自答：一定是這孩子調皮搗蛋，故意不好好吃飯，甚至他壓根就不想好好上幼稚園！

你發現了嗎？讓你情緒更新的根本不是事件本身，而是你腦海中瞬間浮現的負面標籤，也就是評判。隨著評判帶來的情緒「噌、噌」上頭，餐桌上的後續故事基本上就會演繹成了事故！但是，案例中後續的故事走向為何逆襲了呢？因為孩子的媽媽上過我的課呀！請允許我開心兩分鐘……

言歸正傳，案例中的媽媽到底厲害在哪呢？你一定會說，她回來問孩子的那個問題很漂亮，確實，這個問題從情商的第二個 C —— Communication 的角度，非常漂亮，但我更想說的是，這只是她顯而易見的第二個 C 溝通力，但她真正厲害的是你忽略的第一個 C 情緒力。為什麼呢？因為她堅信「所有的負面事件背後往往隱含著正面動機」，所以，她努力放下了自己腦海中「搗蛋、不好好吃飯」的評判，於是，她帶著好奇心做了一件最重要的事情：探索孩子的正面動機。

這就是在上一個「向下溝通」的板塊中，為你拆解的關鍵兩步：1. 放下評判，2. 啟動好奇。這兩步帶來的價值，就是後續所有的問題解決方案都不一樣了，而日常呢，我們本能地給孩子貼上負面標籤，然後順著負面情緒把孩子責罵或者說教了一頓，最後連問題到底是什麼都沒有機會找到，解決方案就更不用提了。而案例中的媽媽，在爸爸即將爆表前先做了冷處理，然後問了孩子一個高情商的問題：「寶寶，媽媽剛才看見妳一直在敲這個雞蛋，是妳不想吃還是其他什麼原因呢？」繼而發現了真相和解決方案。

所以，千萬別小看這個問題，它背後蘊藏了強大的情緒管理能力，而「放下評判」和「啟動好奇」首先突顯了你的情緒力，其次才說明了你的溝通力，這就是本節標題「向下管理的關鍵第一步」，其實就是管理自己情緒的原因所在。

那麼，作為職場中的管理者，高情商的向下管理與生活中的親子溝通可謂異曲同工，這也是我為什麼借用親子來強化職場的原因，期待本書對你的工作和生活都有意義。

【可 E 姐給你劃重點】

千萬別期待你的下屬都具備情商力，來管理你的情緒，你得先管理好自己的情緒，繼而再影響你下屬的情緒和行為，這就是高情商向下管理的第一步。

高情商的溝通力，最重要的是封鎖情緒的干擾，尤其是不被別人的情緒牽著鼻子走，並在溝通中努力還原自己的正面動機，以嘗試得到他人理解，最後的效果就能夠化衝突為共識。

高情商的向下管理如何成功啟動呢？一句話：放下你的評判，帶著好奇心探索對方的正面動機，你會驚訝地發現「原來並非如此」。敲黑板：「放下評判」首先考驗情緒力，「啟動好奇」才能發揮溝通力。

高情商向下管理，年末談話如何掌控？

【請你帶著這些問題閱讀】

你人生中最難忘的一次年末談話，是令你興奮還是沮喪？

作為下屬，你最欣賞的上司在年末談話中擁有哪些特質？

作為上司，你猜想每位參與談話的下屬對自己作何評價？

2021 年的 12 月中旬，我在自己的 EQ 年度營裡，給學員們分享了一個主題：高情商的年末談話如何駕馭。沒想到那天分享前，小夥伴們就紛紛留言：又是談話季真是好緊張、哎不知道老闆給我打幾分、還沒準備好跟老闆說什麼啊、其實要和下屬談話我也很緊張、哎不知道如何應對下屬的失望、到底怎麼談才能不尷尬呢……我這才發現，原來這個話題其實對誰都不輕鬆！

向下管理的話題有很多，為什麼在關鍵第一步之後，我直接選取了「年末談話」為收尾小節呢？因為無論是實體培訓還是線上輔導，我發現這個話題可謂職場人的痛點，顯然對於下屬來說每年的此刻都惴惴不安，但其實對於掌控談話的上司而言，「怎麼談才能談得氛圍輕鬆愉快呢」，同樣也是一種折磨。本節我會選取一個曾經在惠普的內部公開課中，無論讓上司還是下屬都極其受益的案例，引發你的思考……

讓下屬鬱悶至極的年末談話，如何高情商解讀？

案例背景：

公開課自由報名，一個班級 25 人會包含不同職級的員工。同樣在案例討論環節，一位學員站起來說：「年末考評這件事困擾我好幾年了，我們公司有 ABCDE 五檔，而我連續五年的評分都是 C，我覺得很失望、很鬱悶，因為我覺得自己做的挺好的，但為什麼每年都得到這樣的一個分數？」這個時候，在場的一位主管發言了，他恰好就是每年末都給別人打分的高階主管，他說：「其實你拿到第三檔 C，如果我是你的老闆，並沒有想表達對你工作不滿意的狀況，因為第三檔其實就是 80 分的狀態啊！」

順著他的這句話，幾乎現場所有的小夥伴，包括我都驚呆了，於是我代表大家問了他「為什麼」。他說：「第三檔 C 在我們惠普還有另外一個名稱叫做 AE，這個大家都知道吧？那 AE 就是 Achieve Expectation 達成期望的縮寫啊，既然達成期望、也就是達標了，不就是 80 分的意思嗎？」

案例解析：

事實上惠普的所有員工都知道 AE 的含義是什麼，但為什麼上司打分的用意和下屬得分的感受仍然會截然不同呢？

1. 上司篇：

順著這個話題，我在現場進行了兩個部分的拆解，首先，作為高情商的管理者，你是否能預估拿到 C 檔的下屬，最有可能的感受是什麼。換位思考一下，對於從小一路考試到大的我們來說，大部分人面對五檔最中間的第三檔分數，本能的解讀就是「及格」，這就是為什麼當總監說「C 檔就是 80 分的表現」時，很多人都驚訝了的原因。你看，這個現象很有意思的一點：明明我知道 AE 是達標的含義，但拿到這位居第三的 AE，我本能就會認為這僅僅是及格，因此我很失望、沮喪，尤其是連續幾年都得這個分數，我更會有一種深深地不被認可的挫敗感。這就是人性，而高情商上司最厲害的一點，就是因了解人性而時刻往心裡去。至於如何往心裡去的系列步驟，我將在第二部分進行深度剖析。

2. 下屬篇：

關於年末考評的第二個部分，如果你作為下屬，感覺得分和預期落差很大，請千萬不要一味地忍，因為忍的結果就是上司根本不知道你有不滿，於是每年都這樣給你打分，而你內心的鬱悶指數卻越積越高，所以，你應該學會高情商表達。

1. 合理表達自己的感受：老闆，C 檔這個考評對我來說有點失望，因為我的預期是可以拿到 B。請記得，合理表達是說出自己的感受，而非跟老闆人小聲，比如：你憑什麼給我 C，給那誰誰誰卻是 B ？！。
2. 高情商「但是」＋同理：但是我猜想，您這樣評分也一定有您的考量標準，方便讓我知道一下嗎？這樣，你們才有真正溝通「何為標準」的機會，你才明白 C 意味著 80 分，B 和 A 實際上只有 5% 的比例，而且還是惠普全球共享的。
3. 面向未來提出積極的問題：我理解了，明年我想拿到 B 的話，老闆您能不能給我一些建議，讓我在未來的工作中，有所調整並向 B 的目標邁進嗎？

這樣的高情商年末談話，才不是一場尷尬的對話，基於對過去的回顧和未來的展望，你即便不能改變今年的考評（接納不可改變的），但你卻能改變明年的工作動力和方向（改變可以改變的），從而對自己的未來真正有價值。敲黑板：接納不可改變的，改變可以改變的！

讓下屬鬱悶至極的年末談話，如何高情商翻轉？

年末談話其實始於年初

作為高情商的管理者，不僅知道溝通漏斗無處不在，同時還能敏銳地預估員工得 C 檔的情緒，所以，從年初就會清晰地拆解每一項評分的含義和標準是什麼，而不是以為「他們應該都知道」。實際上，很多時候員工只知道 A 和 B 是卓越與優秀的意思，但「卓越」與「優秀」的定義和標準其實都是模糊的。而且，哪怕是對「達標」的理解，往往上下級之間也是存在落差的。「達標」即達成預期，上司會認為達成了年初的各項指標，說明這個員工還不錯，但往往員工會認為達成了所有指標而且自己也很努力，就應該是優秀的表現。

所以，高情商的管理者會從年初就開始管理員工的預期，並在整年的工作推進中，不斷地跟員工回饋自己的評價，而且，對於那些積極努力、能力不錯的員工提出更高的期待，同時，很清晰地告知對方哪些屬於年末的達標，哪些屬於年末考評時超出預期的優秀或卓越，這樣一來，員工會非常明確地知道自己在各個階段處於什麼樣的狀態，而不是到了年末被一氣呵成地告知了一個模糊的結果。因此，標準理順後的預期管理，是在年初就應該啟動的關鍵項，它可以大大加分於年末談話的最終效果。敲黑板：年初若標準沒釐清、預期沒管理，那年末談話就一定會很尷尬。

逆襲四類下屬不滿的談話

1. 不被認可的年末談話

很多員工結束年末談話，都很沮喪，因為上司 90% 的回饋都是自己的不足，而對自己的認可只有寥寥幾句，或者就是特別敷衍的回饋，比如：小劉啊，整體來說這一年你表現不錯，也很努力，但是……

作為一個高情商的管理者，請你放下三個字：應該的，員工做到……是應該的！「應該的」這個思維模式，真的很糟糕，它絕對是阻礙你擁有良好上下級關係，以及積極的團隊氛圍的殺手。「員工做的對、做的好是應該的」，我不能說這句話是錯的，但是你必須理解員工做對了以後，大部分人都渴望得到認可。所以，年末談話中「認可」是非常重要的部分，切勿蜻蜓點水似的表揚，高情商的表揚如何做到具體又往心裡去呢？ 1. 點讚的行為或事件是什麼，2. 誇獎他的原因是什麼，

3. 這個行為或這件事造成的作用或產生的影響是什麼。比如：8 月分你主導的客服培訓很棒，因為無論是學員滿意度還是客服經理的回饋都很高，這讓我看到了你很強的組織能力和篩選供應商的能力，最關鍵的是，這個專案對我們培訓單位接下來的、一系列管理層培訓的推動，都有積極作用。敲黑板：認可切勿蜻蜓點水，具體又往心裡去是關鍵。

2. 毫無意義的年末談話

我採訪過很多職場人關於年末談話的感受，有一類回饋是：結果已成定局，談了半天到底造成什麼作用？所以，一個高情商的上司，在下屬做的好或不好的時候，你要有及時回饋。千萬不要等到年末談話，才一股腦地說了一大通話，總而言之就是給下屬扣了個負評的帽子。如果你期待看到下屬的改善和進步，那麼，「及時回饋」這四個字到底反映在哪裡呢？

日常工作出狀況的時候，你不能只是扮演追責的角色，你更多應承擔的是輔導的責任，換言之，別總給下屬理罪狀，你得讓下屬有成長。如何能做到呢？請放棄「為什麼」，學會「同理＋提問」。「為什麼」這三個字很常見，也很糟糕。比如，員工被客戶投訴，經理的直接反應就是「怎麼回事？為什麼會這樣？」於是，迎接你的要麼是藉口，要麼是沉默，其原因就是「為什麼」傳遞著濃濃的指責。因此，你應該用高情商的方式開啟員工話匣子，並由此找到解決方案。比如：被投訴你也很沮喪，甚至很鬱悶，你能跟我說說大概的情況嗎？接下來，不要揪住過去的問題不放，而更應該聚焦於當下如何解決投訴，之後再和員工覆盤來找問題如何可以避免。所以，不要讓年末談話成為給員工蓋棺定論的審判，而是在日常工作中透過及時的回饋和輔導，讓員工真正有成長，這樣年末談話才會有更多值得被你點讚的部分。敲黑板：年末談話切勿蓋棺定論，引導員工找到成長空間。

3. 流於形式的年末談話

在我的研究中還有一類這樣的心聲：年末談話時向上回饋了一些問題，但後來卻根本沒有解決。那麼，員工的感受是什麼呢？要麼被忽略，要麼被敷衍！而這份感受絕對會大大影響來年的工作積極性。也許你此刻會有一些委屈，因為我能理解的是，大部分管理者其實還是很重視員工的回饋的，但為什麼最後會不了了之呢？我猜想你在跟進解決時，可能遇到了一些難點或挑戰，所以，請你把難點告知員工，而不是因為沒有解決，所以無法告知。

實際上，這是一個很糟糕的認知，你需要把已做的努力和尚未解決背後的大概原因告知員工，雖然沒有達成員工期待的結果，但你的告知會讓員工覺得自己是被重視的、被關注的，而這份感受會拉近你們之間的距離和信任度。敲黑板：讓員工感覺被重視，才能建立起信任度。

4. 誠惶誠恐的年末談話

我的一位私教學員分享了一個案例，是一年前曾令他當下誠惶誠恐、事後輾轉反側的一場談話。老闆問他：「你覺得如果 HR 找你談話的話，你有什麼理由可以確保你留在現在的職位上呢？」他有點緊張地回答說：「我很認真工作，也很努力呀。」老闆說：「難道你覺得別人不認真不努力嗎？」「哦，我不是這個意思。」於是老闆又問了一遍：「你怎麼能夠確保自己留在現有的工作職位呢？」他想了想說：「我的工作都完成了。」於是老闆又推進說：「完成了，也不代表這個工作就非你不可呀。」30 秒過後，他說：「嗯，這個問題我確實沒有想過，我得回去好好想想。」

讀到這裡，不知道你的感受是什麼，反正我的這位學員說自己當時的感受，是緊張、忐忑、鬱悶，內心的 OS 是：老闆這是要開除我嗎？於是，我站在第三方的角度思考的問題是：老闆的初衷是什麼呢？他是想讓這位下屬離職或轉職嗎？在我看來還真不一定。也許他是想讓下屬有一些自我總結和提煉的機會，藉此來表達自己對下屬的更高期待是什麼。可是，下屬的感受卻是「好像會被開除」，所以做完年末談話，他整個人都不好了。敲黑板：老闆溝通漏斗，員工誠惶誠恐。

我們來小結一下「年末談話」，1. 學會高情商地誇下屬，而非一筆帶過；2. 工作中的及時回饋，而非一次性的年末負評；3. 下屬提出的問題回饋，哪怕解決不了也應告知原因；4. 負面回饋可以提，但請結合發展與指導意見。要知道，年末談話不僅僅只是一場談話，它可以成為貫穿全年的指導重點，也可以成為下屬積極展望來年的重要推手，所以，高情商的管理者一定會善用它來推動下屬的成長和目標的達成。

【可 E 姐給你劃重點】

「達標」即達成預期，上司會認為達成了年初的各項指標，說明這個員工還不錯，但往往員工會認為達成了所有指標而且自己也很努力，就應該是優秀的表現。因此，標準理順後的預期管理，是在年初就應該啟動的關鍵項，它可以大大加分於年末談話的最終效果。

年末談話請勿：不給認可、毫無意義、流於形式、令人誠惶誠恐，你應該：1. 學會高情商地誇下屬，而非一筆帶過；2. 工作中的及時回饋，而非一次性的年末負評；3. 下屬提出的問題回饋，哪怕解決不了也應告知原因；4. 負面回饋可以提，但請結合發展與指導意見。

進階篇

通往 HRD 的必備技能

HRD 這個職位，基本就是 HR 職業發展的天花板，畢竟，只有特別大型的公司或集團才有 HR 總經理或副總裁的職位，所以，要能成功地駕馭好 HR 之 Head 頭銜，你需要具備什麼能力呢？

HR 六大板塊的專業度你一定得有，但不是關鍵，在我看來最最關鍵的就是情商領導力，這真不是因為我擅長的是情商，那我何出此豪言呢？因為 HRD 大概是所有的高階主管中，與人打交道頻率最高的、遭遇內部投訴最頻繁的、與 CEO 接觸最多的、上傳下達中最受折磨的人，你說，不具備高情商怎麼能挺過去呢？所以，在這個進階篇章，我是這樣構思的：

猶如本書上篇「優秀 HR」的前言，先闡述的是「自我管理」，這一章詳解了所有的情商理念，其目的就是建立一個全新的思維，用高情商的正解來建構底層邏輯，然後再從向上、向下和平行管理這三個方面，進行思維與實戰的結合。下篇「HRD 之路」的結構也一樣，第五章作為開頭將剖析的是，高情商 HRD 應該擁有哪些與 CEO 同步的思維，繼而再從職場難題、領導力提升和全員敬業度開展實戰解析。如此，思維加實戰的拆解方式，將妥妥地開啟你的職業上升通道。

第五章

通往高情商 HRD 之路，你必備的 CEO 思維

HRD 絕不是一般人能勝任的職位，因為它的背後隱含著兩個「最」：最有可能讓 CEO 不滿的、最有可能被全員吐槽的職位！這麼「難熬」的職位，若只有 HR 的專業卻沒有高情商做支撐，你何以平復這顆強大又脆弱的小心臟呢？

本章的目標就是讓你未來的晉升之路更通暢又不糟心，或者，讓你坐穩現在的 HRD 寶座而不煩心。當然，本章節是本書下篇的開啟環節，所以，重點不在於方法和技巧，而是最核心也是最底層的思維疊代。

與 CEO 同步的高情商思維包含什麼

【請你帶著這些問題閱讀】

HRD 是距離 CEO 最近的人，那麼你了解他的所思所想嗎？

如果你是 HRD，你希望和 CEO 之間保持一種怎樣的關係？

一位資深 HR 副總裁，曾經提到：「很多創業團隊的 CEO 對於 HR 的認知有偏差，以至於後來把 HR 變成了錦衣衛，誰誰誰很難搞，HR 你去搞定他，或者跟員工談離職，又或者去傳達一下 CEO 的想法。這種現象是很多創業團隊極其容易出現的一個情形，HR 最後成了幫 CEO 料理雜事的一個角色，這是非常糟糕的。」

那麼，資深 HR 副總裁眼中的 HR 負責人長什麼樣呢？

1. 他一定是跟公司的策略業務目標相融合的，不能只是負責招募、培訓、績效管理這些外包團隊就能搞定的事；
2. 他應該做的是促成有品質的對話，因為 CEO 都是孤獨的，HRD 必須知道一線員工與核心團隊的真實狀況和能力，然後去撮合雙方能夠溝通對話的「場子」。

我非常認同這個觀點：HRD 不能只是做雜事，要促成高品質的對話。讓訊息有效地在組織內部流通，這是 HRD 很重要的一個能力，也是 CEO 和 HRD 之間建立默契的關鍵因素。也由此，「最有可能讓CEO不滿的」這句話，真不是瞎說的，我研究過 100 位＋ CEO，請他們排序自己對各個主管的滿意度，結果 HRD 的滿意度是排名最末的，而這些 CEO 所處的公司規模小、中、大都有。如果你是 HR 或 HRD，你多半會感覺忿忿不平，而你內心的想法可能是「沒辦法，HR 就是最容易背鍋的職位」，那麼，CEO 們到底想的是什麼呢？

CEO 所期待的高情商 HRD，能找到合適的人才

對 CEO 來說，找到有能力又合適的人，永遠是他的渴望，可是對 HRD 來說，似乎總也滿足不了業務部門或老闆的需求，這個落差可謂 HRD 心中永恆的痛。出路在哪兒呢？

在第三章「平行管理」中有一節專門談的是招募，當時的聚焦點在於業務部門的需求到底如何能「聽懂」並「落實」，那麼，在本節的 HRD 更新篇中，我更想談的不是具體方法，而是思路。換句話說，「他們永遠要的都是我找不到的人」，這個思維的瓶頸，也許是很多 HR 需要解決的真正命題。

現在再次把情緒 ABC 理論拿來實戰，解決思維瓶頸。A 事件是：老闆和業務部門總是抱怨我們找不到合適的人，C 結果是：我感覺很委屈、很沮喪，B 信念是：真是費力不討好、他們總是提一堆根本不現實的要求、有本事自己去找找看找不找得到！

完成了 ABC 之後，重點就是改寫信念，一個關鍵性的靈魂拷問是：面對這件令自己委屈或沮喪的事，除了是剛才的這些想法以外，站在他們的角度，又有哪些合理的原因呢？來，深呼吸，嘗試按下「換位思考」鍵，給自己一點時間回答這個問題。這時候，你可能會在白紙上寫下哪些答案呢？

「他們心儀的人選標準，無論口頭還是文字都未必表達清楚了，也許我可以從溝通的角度去做到百分百的確認，以保證理解一致。」

「老闆對某個關鍵職位的人才標準，和我認為優秀的標準並不一致，所以造成了選人和用人的偏差，也許我應該事先和老闆達成一致。」

「重要職位總是缺人，是不是反應了人才培養和離職率的問題？這兩個根本問題，也許才是我更需要關注並解決的問題。如果關鍵職位的接班人計畫是一個長期而有序的工作，可能就不會總是出現『用人荒』；如果離職率偏高，到底是企業文化、薪酬獎勵制度，還是管理層的領導力才是癥結所在呢？」

我寫的這些答案也許和你的不同，也未必都對，但我想呈現的是一種高情商的思維方式，那就是：接納不可改變的，改變可以改變的。這句話乍一看特別對、也特別沒感覺，你甚至會覺得「這不是廢話嘛」，但我真正想說的是：這句看似平淡無奇的話，實際挑戰的就是人的本能思維方式！怎麼理解呢？從邏輯上，人們都知道別去改變那些不可改變的，但本能上，遇到一件令自己有負面情緒的事，第一反應就是想去改變這件事。比如，員工被大客戶投訴了，管理者的第一反應是：為什麼被投訴？其他人怎麼都沒被投訴？你看，這個反應的潛臺詞就是：員工不應該發生被客戶投訴的事！可問題是，員工已經被投訴了，管理者為什麼就不能接納這個事實，然後平靜地去解決接下來的問題呢？又比如，HRD 面對老闆對關鍵職位招募的不滿，如果不能放下「老闆的標準過於完美，根本招不到」這樣的想法，那麼，這個「不滿」的現實就總也解決不了。

所以，「接納不可改變的，改變可以改變的」這條情商理念，如何更新我們的思維方式呢？對於上述情景中的 HRD，需要這樣來理順自己的思路：「老闆的不滿客觀存在，我改變不了，我能改變的是看待這個問題的視角，我還能做些什麼來縮小這個差距，甚至有一天會超出他的預期呢？」這樣的思路帶給你的解決方案，才會越來越貼近 CEO 的標準。

CEO 所期待的高情商 HRD，能搞定內部的衝突

再完美的企業，也不可避免各類人際衝突，跨部門的、上下級的，任何一個企業都存在，所以，老闆其實很希望 HRD 能幫自己擺平這些問題，但事實上很少有 HRD 能完成這項使命。原因是什麼呢？首先是老闆自己的問題，明明想讓 HRD 出面解決，但就是抑制不住自己出馬的欲望，私人企業尤為凸出。白手起家的創業者能力都很強，打江山的階段人也少，一出狀況所有人都知道，老闆自然首當其衝地出面解決問題，但規模擴大後，「出了問題找老闆」的狀況已然成為所有人的慣性，此時老闆要麼不習慣放手，要麼擔心 HRD 搞不定。

當然，還有兩個原因也不容忽視。其一，業務部門的老

大不認為跨部門衝突與 HRD 有關；其二，HRD 也樂得不參與進去，畢竟，蹚渾水是相當考驗情商的。所以呢，一方不來找，一方不去管，正好一拍即合。但其實，HRD 如果真的希望「人力」可以成為真正的「資源」，那麼，企業內部諸多看似與你無關的狀況，你都可以去主動介入，所以，在下個章節中，我為你準備的就是那些職場難題到底如何解決，尤其以跨部門和上下級衝突為主，助力你成為老闆心目中能搞定問題的得力幹將。

那麼，在本章節中，你需要先突破的是心理障礙，我之所以用了這個詞，是因為我發現大部分 HR，哪怕已成為 HRD 的夥伴，其實內心都很抗拒去解決那些與「人」相關的衝突，雖然我可以理解這些衝突確實很挑戰，但我真心想對奮戰於 HR 職位的夥伴說一句話：如果你無法解決「人」的問題，又何以擔綱「人力資源」總監之職呢？而擔綱並勝任 HRD，有兩個條件：意願和能力。能力篇是下一章的重點，而意願其實比能力的更挑戰。

我舉個看似與 HR 無關的例子，但剖析後你一定會發現，它與每個職場人都相關，它反應的就是大部分職場人與「意願」相關的思維瓶頸。

有一次我出差，在一家新落成的五星級酒店開課，酒店的裝修很豪華，一個洗手間裡就有十幾間廁所，這已屬少見，但更少見甚至沒見過的是：如廁完居然出不來！不是我用的那間鎖壞了，而是任何一間你都出不來！為什麼呢？因為這個設計太神奇了，請你腦補一個畫面：

酒店的樓高超過三公尺，而洗手間每間都是頂天立地的全封閉設計，所以每一扇門都是 3 公尺高的實木門，而神奇的門把手，距離地面 1 公尺左右、其外觀是不超過 1 公分、渾圓的、迷你鍍金把手，結果是什麼呢？那就是憑它根本就拉不動這扇 3 公尺的實木門！你能想像嗎？每一位如廁完的女士，都要先和這個迷你把手比力氣，然後再弱弱地問一聲「外面有人嗎」，最後由其他人來解救成功。幸好我們這一個企業培訓班的女生不少，因此第一節課後，大家就有了如廁的默契：絕不一個人上廁所！

你看到這，是不是已經哈哈大笑了起來？反正，我每一次想到這個畫面都覺得很搞笑，而且猜想 99% 的人此生都難遇如此之體驗，那重點來了，我為什麼要把這段經歷寫進書裡呢？顯然不是為了博你一笑，而是剖析其背後的問題，讓你引以為戒。千萬別以為我用錯了成語，我想透過「引以為戒」這個詞說明：我的廁所奇遇記其實 99% 的職場人都經歷過。

現在，我為你從情商的視角剖析這件事，表面看上去是設計師太另類，或者說設計不接地氣，只顧美觀而不顧實用，但在我看來，酒店的員工才是問題的關鍵。設計師屬於第三方機構，而員工屬於酒店，你現在可能困惑的是，明明是設計師的問題為何要員工來擔責？因為酒店在開業之前很難做到凡事都一百分，於是，我思考的一個問題是：在客戶發現洗手間的問題之前，誰更有可能發現門把手的問題呢？一定是員工，無論是開業前的培訓，還是開業後的使用，酒店員工都更有機會比客戶提前使用洗手間，而只要使用就一定會有這奇葩經歷，但為什麼這個問題並沒有被及時解決呢？因為幾乎所有的一線員工，包括部門主管，在這份體驗後都選擇了沉默，他們內心的聲音是：這設計師太奇葩了，或者，工程部是怎麼驗收的？！然後呢？就沒有然後了，不對，然後就移交給了客戶，再然後就是負評和投訴。

這些畫面雖然是我腦補的，但我覺得真實性應該有 99.9%，我相信你也應該認同，那麼，「設計師太奇葩了」、「工程部是怎麼驗收的」，這些來自於員工的心聲又說明了什麼？那就是：99.9% 的員工在遇到類似問題的當下，最深層的信念是「這不關我的事」，因為職位職責上沒有這一條啊！確實，任何一家公司或酒店的任何一份職位說明，都不會細化到「門把手」的細節，所以，未列入職位說明書的灰色地帶，其實都是一種考驗。

想像一下，這家酒店在開業前，如果 CEO 視察並恰好如了廁，那會是一番怎樣的情景？絕對是一聲令下「整治」！

可是 CEO 的職位說明上也沒寫這一條，但他老人家為什麼就是和員工不一樣？因為 CEO 最具備的就是使用者思維，他不需要任何人提醒，就會把組織的目標放在第一位，那麼，未來或現在的 HRD，你是否隨時具備了「這個狀況不行，我得處理」的 CEO 思維了嗎？

下一次，當你再看到跨部門的衝突或業務部門的上下級矛盾，哪怕他們沒來找你哭訴，你是否能自動按下「這個狀況不行，我得處理」的按鈕呢？

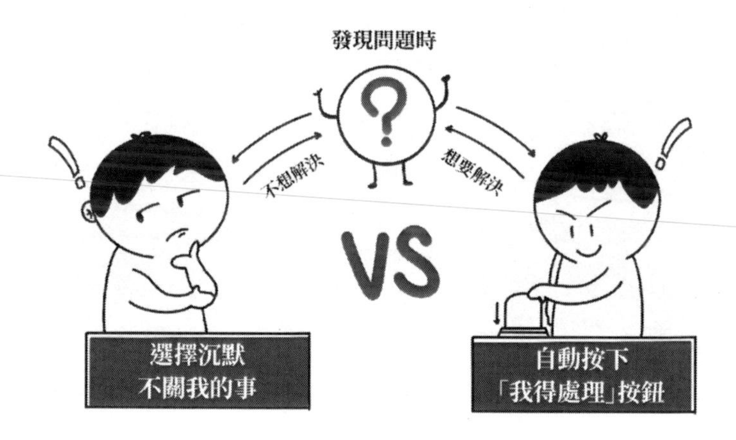

只有你啟動了這項與 CEO 同步的按鈕，你的意願才算真的開啟。至於能力那根本不是問題，因為事實上，大部分在企業裡一直沒有解決的問題，不是人們沒有能力解決，而是壓根就沒有意願去「想要」解決，猶如上述「門把手」事件中，普遍存在的「這不關我的事」之底層信念。

CEO 所期待的高情商 HRD，能留住真正的人才

選用育留，原本就是 HR 的分內之事，但「留」談何容易！薪酬獎勵只是很表淺的問題，在這裡我更想談的是「敬業度」，因為，敬業度越高的員工對企業的忠誠度也越高，但悲催的事實是，高敬業度的員工就平均值而言，本身占比就很低，而你作為現在或未來的 HRD，怎麼看待「敬業度」這個話題呢？

蓋洛普作為全球最知名的敬業度研究機構，在這個話題上有絕對的發言權，他們對於敬業度的定義是：高敬業度的員工在智力和情緒上有相當高的投入，所以這類員工對於工作結果有承諾。我對「智力」的理解分兩層，其一是與生俱來的智商，其二是後天與職業相關的技能，綜合而言，此「智力」大多與時間成正比，但「情緒」則為個人的當下感受，所以，挑戰也隨之而來，這個挑戰是什麼呢？對於管理者而言，最難推動的是員工的智力還是情緒？在這裡，我很負責地向你彙報，這個問題我採訪過 5,000 ＋的管理者，他們在培訓中無一例外地回答都是：情緒！這也是為什麼管理學家在多年前，就把情商定義為「企業情緒生產力」的原因，換言之，整體員工的情緒很積極，企業的生產力或 KPI 就不是問題，反之就是大問題。

現在，我們結合了蓋洛普的定義後，就更能意識到敬業

度其實直接與員工的情緒相關，所以，加班這個指標與敬業度無關，也就是說，一個員工經常加班，並不等於他的敬業度一定很高，因為每天加班但情緒低迷，其工作效率和結果則可想而知。既然，我們知道了敬業度的關鍵因素就是情緒，那麼關鍵問題自然也就浮出了水面：員工的情緒由哪些因素決定呢？

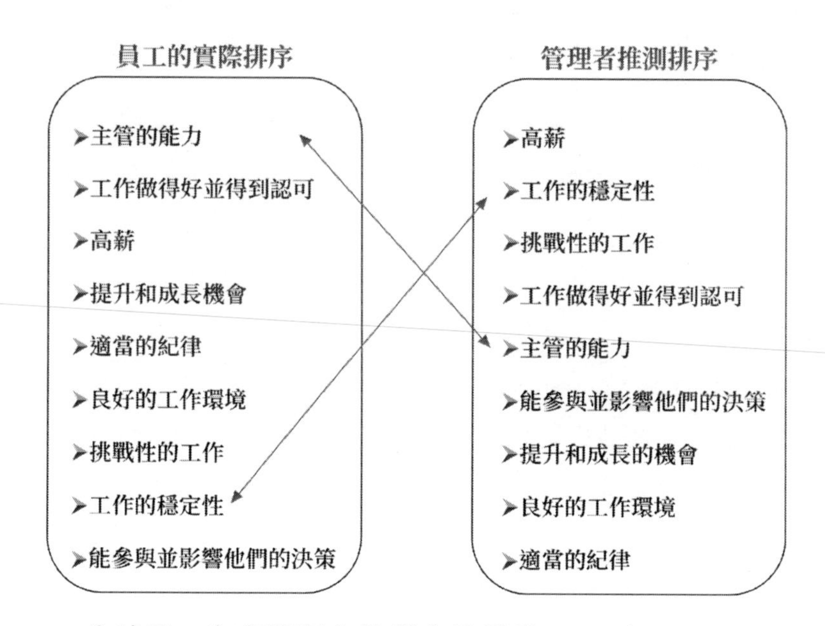

全球另一家專門研究敬業度的機構 CEB（Corporate Executive Board），在多年前做了有趣的對比性研究，他們首先透過大數據研究找到了 9 項對於敬業度有關鍵影響的指標，然後，分別採訪管理者和員工，採訪管理者的問題是：請推

測你認為對員工而言的敬業因子順序。

如圖所示，管理者的推測與員工的實際排序，可謂大相逕庭，其中，以「工作的穩定性」和「主管的能力」的落差尤為突出。這說明了什麼？

管理者以為「高薪」這個自己不可控的因素是最關鍵的，但其實「主管的能力」和「得到認可」，這兩個百分百由自己可掌控的因素才是關鍵點。這項 CEB 的研究結果，也印證了另一家機構的研究成果，他們專門研究員工的離職原因，結論中有一項是這樣描述的：在近千種離職原因中，排名前四的一項原因就是「我和我老闆的關係」。此刻，你有沒有發現，不同著名機構的研究結果，其實從不同的方面都說明了彼此的相關性，換言之，敬業度的高低由員工的情緒決定，影響員工情緒積極與否的關鍵是管理者，而員工與管理者的關係越糟則離職率越高。

因此，如果你想擁有第三項與 CEO 同步的思維，那就是真正能留住人才的核心因素是管理層的領導力，這也是未來你作為 HRD 的工作重心，我們將在第六章做詳細拆解。

【可 E 姐給你劃重點】

HRD 面對老闆對關鍵職位招募的不滿，如果不能放下「老闆的標準過於完美，根本招不到」這樣的想法，那麼，這個「不滿」的現實就總也解決不了。

當你再看到跨部門的衝突或業務部門的上下級矛盾，哪怕他們沒來找你哭訴，你是否能自動按下「這個狀況不行，我得處裡」的按鈕呢？只有你啟動了這項與 CEO 同步的按鈕，你的意願才算真的開啟。

如果你想擁有第三項與 CEO 同步的思維，那就是真正能留住人才的核心因素是管理層的領導力，這也是未來你作為 HRD 的工作重心。

比 CEO 更高級的高情商思維又是什麼

【請你帶著這些問題閱讀】

你多半希望 CEO 屬於智商情商雙高，但現實不盡如人意時怎麼辦？

當 CEO 與你的想法不一致時，作為 HRD 有沒有可能影響他呢？

《飛輪效應：A ＋企管大師 7 步驟打造成功飛輪，帶你從優秀邁向卓越》（Turning the Flywheel：A Monograph to Accompany Good to Great）這本書，被譽為企業從優秀到卓越的行動指南。一位企業顧問公司的董事長，他曾在演講中說：「要成為成功的企業家，要麼讓自己成為 HR 高手，要麼讓 HR 高手成為企業的二把手。」

這句話把人力資源管理的重要性，以及 HR 與企業家之間密不可分的關係描繪得十分精準。那麼，HRD 對於老闆、部門經理和員工而言，分別扮演著不同的角色，但「軍師」這個身分，應該是 HRD 和 CEO 雙方都期待的定位。而軍師的稱號，意味著 HRD 必須具有業務敏銳度、策略與前瞻性，同時，在溝通層面上，能與老闆對話，為企業的整體發展出謀劃策。

上一節我們解析的是如何與 CEO 具有同步的思維方式，分別從找到合適的人、解決內部的衝突和留住真正的人才，這三個角度出發，引入的是情緒 ABC 理論在思維提升上的應用，「這不關我的事」疊代為「這個狀況不行，我得處理」，以及留人的關鍵因素是管理者的領導力。這三點的突破，能讓你成為 CEO 眼裡的紅人，那麼本節的這兩點，將有機會讓你成功晉級為 CEO 心中的軍師。

CEO 的溝通力不足，高情商 HRD 是否能補位

HRD 為何最有可能被吐槽，甚至被全員吐槽？因為公司的制度大多要從 HRD 這裡上傳下達，而如果這項制度令大部分人不爽，HRD 就很有可能成為眾矢之的，所以，HR 們往往戲稱自己「最容易背黑鍋」。怎樣有可能少背鍋呢？把 CEO 在溝通中的不足，用高情商的方式做彌補。跟你分享一

個當年在微軟培訓時解決的問題，雖然這段對話發生於銷售總監和我之間，但我覺得 HR 小夥伴，特別是 HRD 一定能從中發現價值。

案例背景：

情商領導力的課間，銷售總監問我：「老師，公司有一個狀況我很費解，就是銷售制度越是資深的業務員越不遵守，這是為什麼呢？」我當然很好奇的是，怎樣的制度帶來如此令總監尷尬的狀況，於是他說：「其實這個制度也確實有點特別，我們考核業務員的指標除了總業績，還要考核客戶數量，哎，越是業績好的業務員就越不重視客戶數量，我提醒了很多次也不怎麼奏效，仍舊我行我素。」這個回答更激發了我的好奇心，如此想幫學員解決問題的我，必須探個究竟啊，我想知道的顯然就是為什麼要考核後者。這時候，總監面露難色，他說：「其實我也不太清楚，我剛到任兩年。」

問題癥結：

你看，這就是問題的癥結所在：總監都弄不清楚這遊戲規則背後的原因，何以讓下屬都心服口服地遵守呢？而且，誰最有資格不遵守？當然就是那些業績很好的員工啦，因為他們有本錢不服。敲黑板：業績平平的員工口服心不服，因為沒本錢不服；而業績優秀的員工哪都不服，因為有本錢不服！

總監聽了我的這段解析，也覺得頗有道理，但問題是：這個棘手問題如何解決呢？於是，我問了他一個關鍵問題：「你到任這兩年，銷售制度已經有了，那你認為這條考核客戶數量的規則，是公司在一成立就有的，還是之後再有的呢？」他很果斷地回答說「應該是之後」。於是我說：「你看，如果你可以弄清楚這條不太常見規則背後的原因，那麼，你再和下屬溝通的時候，就不是簡單地告訴他們這樣不行，而是把『為什麼』講清楚，結果會不會有些不同呢？」

他若有所思地點點頭，我繼續：「我猜一個原因，你作為銷售總監來判斷一下有沒有可能。也許三年前公司的 Top Sales 遇到了一個狀況，由於產業或其他意外情況，反正最終的結果是，多年來占有他 30% 至 50% 銷量的一個大客戶，當年的訂單全部泡湯了，導致無論從他個人還是公司層面的損失都很大。所以，老闆決定：雞蛋不能放在一個籃子裡，為了規避風險必須確保數量的前提下達成銷量。」

「哎呀，老師，這太有可能啦！」

「假設真的如此，你再和銷售團隊開會時，是不是本錢、說法和效果完全不同了？所以啊，員工不願意做，往往是因為不理解為什麼要這麼做。」

案例解析：

案例拆解到這裡，你一定明白我想說的，就是作為 HRD

來說，你在擁有「補位 CEO 的溝通不足」這項能力之前，得先獲得一個更高級的思維方式，那就是下達不夠力往往是因為「為什麼」這個部分，除了老闆幾乎所有人都不清楚，因此，你作為合格的軍師，必須先弄清楚原因，並且把這個「為什麼」轉化為對員工有價值的部分，而非公司層面的利益得失。因為人性都是趨吉避凶的，而 HRD 能夠少背鍋、甚至比 CEO 更高級的前提，就是能把 CEO 都可能忽略的「為什麼」，用員工感興趣的「利」和「害」呈現清楚，這樣，你才不會受兩邊氣，而且還可能成為老闆的左膀右臂、員工的知心好友。

具體如何補位呢？千萬別直截了當地問「為什麼」，而是應該：1. 先認同老闆的決策，比如：考核客戶數量確實是一個關鍵指標，對業務部來說也是一個比較大的制度調整；2. 用「同時或當然」替代高風險的「但是」，再加上自己的感受，比如：當然，我去傳達給銷售總監或銷售團隊的時候，我會有一些擔心，那就是如果大家不太理解這條新制度的話，可能會有一些牴觸，畢竟，他們過往都一直只關注總業績；3. 在目標一致的前提下問原因，比如：所以，您能不能把您是怎麼考慮的大概跟我說一下，我在傳達的時候能讓大家更容易理解並接受，這樣大家也能更好地完成呢？如此，你才能因弄清了「為什麼」而做到「無漏斗」的下達。

CEO 人才觀的偏見，高情商 HRD 是否能糾偏

每個人對於「人才」的觀念都會持有個人的主觀色彩，CEO 也不例外，畢竟，CEO 也是人、不一般的普通人，用個人的好惡作為標準其實屬正常，但對於企業而言可能就會有風險。比如，有些 CEO 認為果斷的領導者是成功的象徵，但如果每個關鍵職位的負責人都是這種風格，那麼，這家企業很有可能過於強勢而令人生畏。還有些 CEO 認為內部培養的管理者相比較於外聘菁英更值得信任，那麼，這家企業很有可能形成相對僵化的文化和思維。所以，HRD 作為老闆的用人軍師，更多扮演的角色是唯命是從，還是產業專家呢？

你的內心很想選擇「產業專家」，因為從「用人」的角度，你很清楚團隊的多樣性絕對是高績效的加分項，但你多半又會心裡打鼓，因為從「影響老闆」的角度，你此刻的困擾是：臣妾做不到啊！但，真的做不到嗎？同樣分享一個酒店的案例，來剖析卡住我們的到底是能力還是思維方式。

案例背景：

我曾經在出差時，入住了一家非旺季每晚也超過 4,000 元的酒店，大廳之豪華讓我這個還算見過世面的培訓講師，也深深地吸了兩口氣。走進房間後，倒也沒有讓我嘆為觀止的設計，只是，書桌上的電話機，著實令我驚豔了，準確的說，應該是驚訝又尷尬的複雜情緒。為什麼呢？其實我只是

想讓櫃檯送個燙衣板，結果看著那高級感滿滿的電話機，我愣是下不去手，因為電話機上按鍵極多且全英文，可問題是，每一個英文單字我都看得懂，但就是沒有任何一個與櫃檯 Reception 有關！研究了五分鐘，我只能默默下樓去櫃檯。就此，我也有機會和櫃檯經理有了一段對話。

「你們的電話為什麼這麼複雜？客戶都看得懂嗎？」

「抱歉，王女士，確實有點複雜，主要是因為我們酒店的前身是私人俱樂部，去年改建成了五星級酒店，有些裝置還沒來得及換。」

我一臉茫然地看著她，說：「哦，那然後呢？」

她一臉歉意加笑容地說：「其實，這個問題客人都不滿，我也早就向上申請過了，但您知道的，酒店規模大流程也很多，電話機的事一直還沒批准。」

「原來妳申請過了，但客人卻持續在投訴。」她點點頭，我繼續道：「妳想過如果不批准，投訴怎麼解決嗎？」她一臉尷尬地看著我，似乎在告訴我：「我盡力了，但沒辦法！」

「如果列印幾盒名片，上面只需大大地印幾個字『櫃檯請撥 0』，然後每臺電話機旁邊放一張，我很好奇這個權限妳有嗎？」

問題癥結：

她迷人的睫毛，怔怔地看著我的表情，至今我都記憶猶新。這位櫃檯經理不聰明嗎？工作不努力嗎？遇到問題不想解決嗎？都不是，她只有一個問題，也是大部分職場人在解決問題時，都會遇到的一個思維瓶頸：這是我分內的事，我嘗試解決了，但主管還沒批示或不同意，那我就沒辦法啦。於是，兩手一攤，無奈地等待後續問題的發生，如果後續問題與自己部門無關，那是最好不過的事，但如果還是得由自己處理，那就硬著頭皮上，猶如這位櫃檯經理，幾乎每一天都面對客人類似的投訴，然後給客人相同的解釋，最後的結果是什麼呢？很可能就是這個小細節就讓酒店妥妥地得到了負評。那麼，到底誰來負責？是面對成堆檔案而沒有及時簽字的部門主管，還是每天面對投訴而重複解釋的櫃檯經理呢？

案例小結：

作為面對問題的下屬，如果只是一味抱怨主管的不作為，問題永遠不會得到解決，猶如作為 HRD 的你，明知 CEO 在某些用人策略上有他的局限性，如果你向上影響失敗了一次就告訴自己「他太頑固，無法影響」，那麼，你和那位櫃檯經理又有何不同呢？所以，情商影響力從來不是先從方法入手，而是從思維入手。你只有很清晰地知道自己日常的思維瓶頸在哪裡，才有可能突破，因為人與人之間的差距，其實就是思維認知上的差異，你同意嗎？

如何破局？送你五個字：到目前為止！比如：到目前為止，我還沒有解決電話機的問題；到目前為止，我還沒有成功影響我的老闆。你現在知道它的威力在哪裡了嗎？很顯然，加上這五個字之後，你內心獲得的訊號是：我還可以想其他方案；而沒有這五個字，你內心對這件事的判斷是：別想了，沒戲！在職場能夠擁有極強向上影響力的人，無一例外都具備前一種的思維方式；而其他大部分人都抱著後一種思維方式，只要被老闆滅一次就自動躺平。

所以，比 CEO 更高級的思維方式到底是什麼？就是當你發現 CEO 有你所擅長領域的瓶頸時，及時、主動、持之以恆地影響他，因為：你不再只是為了「人事」做分內的事情，而是為了「人力資源」的結果而擔責。

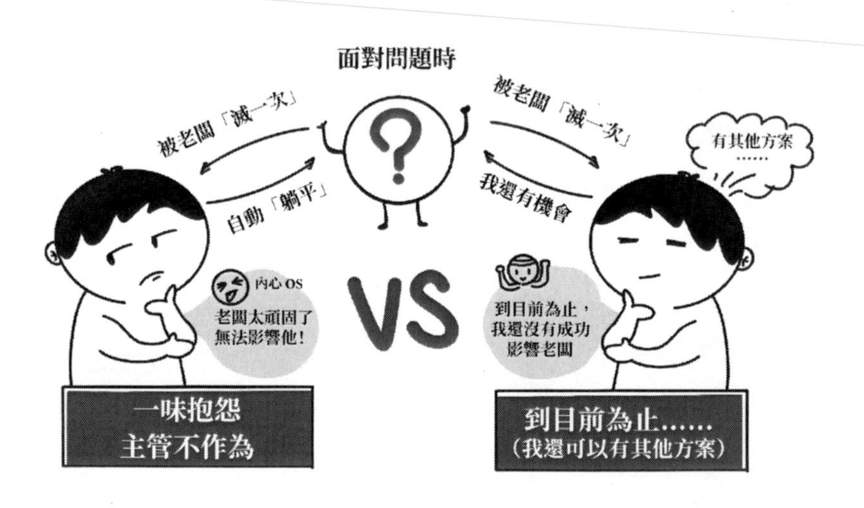

【可 E 姐給你劃重點】

人性都是趨吉避凶的，而 HRD 能夠少背鍋、甚至比 CEO 更高級的前提，就是能把 CEO 都可能忽略的「為什麼」，用員工感興趣的「利」和「害」呈現清楚，這樣，你才不會受兩邊氣，而且還可能成為老闆的左膀右臂、員工的知心好友。

比 CEO 更高級的思維方式到底是什麼？就是當你發現 CEO 有你所擅長領域的瓶頸時，及時、主動、持之以恆地影響他，因為：你不再只是為了「人事」做分內的事情，而是為了「人力資源」的結果而擔責。

第六章

運用高情商的視角，洞悉職場難題

無論你身處哪個產業、哪家公司，跨部門和上下級的衝突幾乎每天都在上演，那麼，作為 HR 或未來的 HRD，你為什麼需要擁有情緒的視角來洞悉真相呢？因為：就事論事，最容易出事！怎麼理解呢？來看看以下這些情境吧……

財務部說這筆預算不合規定、過不了，市場部說熱門事件稍縱即逝、必須過；採購部說供應商報價與總部要求還有差距、需要談，業務部說客戶這邊催得急、馬上簽；品管部說為了零風險同批次產品只要一出問題、全部要重做，生產部說人工增加計畫打亂、做不到；業務部說客戶著急、趕緊出貨，採購部說原料缺貨、無法加急。怎麼辦？向上哭訴請老闆拍板，老闆也真心為難，拍誰贏另一方也不服，而重點是，拍板背後的標準才是關鍵。

如果以「事」的角度來拍板，基本上就是哪個部門的話語權更大，則哪個部門贏的機率就更高。話語權從何而來呢？越是前端的作戰部門越擁有話語權，後端的後勤部門很大機率會敗下陣來。兩方都是後勤部門呢？那就取決於老闆更重視哪個部門了。總之，從「事」的角度基本就是權衡利弊，但後果也很顯然，經常「輸」的那個部門越感覺不被重視，暗流湧動的情緒要麼影響部門的 KPI，要麼就成為「踢皮球」機率最高的部門，隱患何其之多！

上下級之間的衝突亦是如此，但與跨部門的不同是，跨部門往往需要第三方比如 HRD 或老闆來拍板，而上下級壓根不需要第三方，上級直接就能滅了下級，哪還有什麼申訴的機會？當然啦，不排除有些下級的抗壓力不一般，實在不服可能越級彙報，於是，又上演了跨部門的一幕。後果是什麼呢？其實不用我說，你就很清楚地知道，能力弱的下級就乖乖服從，而能力強的則炒掉了老闆，可謂上級、下級和組織的三敗俱傷！所以，你需要擁有比「事件」更高級的情緒視角，來洞悉並解決問題。

跨部門衝突如何高情商協調

【請你帶著這些問題閱讀】

在你工作的企業裡，哪些部門容易出現衝突，哪個部門更有可能贏？

當最核心的兩個部門開戰時，如果你是 HRD，你願意主動蹚渾水嗎？

如果你願意蹚或曾經蹚過，請思考或回憶一下，自己的策略是什麼？

影視作品裡，常會出現這樣一句挺扎心的臺詞：「哎，我活成了自己最討厭的樣子。」但其實，我們每個人都希望活成自己最喜歡的樣子啊！為什麼我明明想活成 A 狀態，卻往往活成了 B 狀態呢？尤其對於曾經躊躇滿志的 HR 小夥伴而言，當年殺入職場時，多半都希望成為業務部門的夥伴、CEO 眼裡不可或缺的紅人，但為什麼現狀與期待漸行漸遠了呢？

我採訪過不少 HR 同仁關於當年的想像，有一個共同的畫面是：因為做人事，所以希望有能力搞定與「人」相關的事情，但後來發現，天吶，搞定「人」的事太難了！就好比本章開頭所列舉的那些跨部門的工作情境，看似都是出「事」了，但其實都是「人」的問題，而協調人際何其之難！

「位置決定腦袋」這句話，大概可以最好地囊括跨部門衝突的原因，換句話說，每個部門都要為自己的 KPI 負責，而當兩個部門的 KPI 當下有矛盾的時候，似乎除了互相傷害就只能妥協，但這真的是真相嗎？本節用一個案例來洞悉真相。

外商藥廠之品管部與生產部的對決

案例背景：

生產線發生了重大偏差，「偏差」從學術上來說是一種偏離，這個情境中用白話來說，就是生產過程中的問題。這次偏差發生在包裝藥片的生產線，最後一關是自動檢測，每一盒藥是否合格需要透過這上面的照相系統，拍照合格的藥片就通過，不合格的則會被篩掉。這一次，某款胃藥的瑕疵品未被剔除，被後續的人工檢查了出來，這說明檢測用的照相系統失靈！面對如此嚴重的問題，品管人員尤為重視，經過考核他們做出了決定：除了這款胃藥進行回收檢查、包裝以外，另外 89 種藥的照相系統全部都要更新，因為這 90 種藥屬於同一條生產線，都經過這臺照相機來檢測，雖然另外 89 種的系統沒有回報錯誤，但為了零風險，「連坐」就是最安全也是最正確的選擇！

可是，這又意味著什麼呢？那就是下一批次開始，這 89 種藥的不合格率會倍增，而回收率也大大增加，而問題是，這所謂的不合格率中絕大部分都是合格的，它們被剔除僅僅是因為照相機系統的檢測標準提升了！你可以想像嗎？工人從藥品盒裡把藥拿出來，然後一粒一粒地撿出來，檢查沒有問題再重新包裝，面對幾千盒藥，他們的煩躁可想而知！

部門關係：

如果你能理解了生產線工人的抓狂，那就不難理解生產部門和品管部門的關係了，可以說，他們歷來就是水火不容，因為上述偏差時不時地就會發生，而對於生產部的管理層來說，心疼自己的員工是一個方面，另一方面就是因連坐後的回收會打亂生產節奏，從而引發後續一連串的漣漪反應。

那麼，你一定會很好奇在這樣的外商藥廠，類似的問題如何解決呢？其實，就是最老套的職場劇情 —— 向上哭訴，要麼兩位總監對峙，要麼由老闆拍板。據說，藥廠的品管部門擁有著至高無上的話語權（產業特點不多贅述），所以，勝方肯定是品管部，於是，生產部的出路在哪兒呢？不吵也不鬧，帶著情緒「認真」回收，至於後續的漣漪反應嘛，則靜待「水花」的出現，最終兩手一攤，讓品管擔責。

逆風翻盤：

多年來類似問題都是這樣的懸而未決，可是呢，在 2022 年的 2 月分卻被歷史性地改寫了，因為橫空出世了一個關鍵人物，此人沒有高階主管的身分，也並非 HR 出身，她只是技術部的工程師，但還有一重身分：我的講師班成員！以下是她的自述：

「雖然我既不是生產部的人，也不是品管部的人，可是我看著他們多年來的 PK，我其實是很糟心的，我完全知道這裡面的問題是什麼。這次偏差雖然和我們技術部沒有任何關係，但是我老闆希望我去找生產部總監，說一下我們技術部的看法，於是我就去說了，沒想到第二天我就成了此偏差的負責人。當時我愣住了，心想：我不是看熱鬧的嗎？怎麼會變成了負責人了呢？這可是個燙手的山芋啊！但既然不能把燙手的山芋扔掉，那我就吹一吹、吃掉它。」

此刻的你，在為她的好心態豎大拇指的同時，一定更想知道結果是什麼，我來向你彙報一下：透過她的協調，三方開會討論了這個偏差，達成了新的共識，避免了生產線大量的回收。她是怎麼做到的呢？

1. 說服品管部，放棄更新這 89 種藥的照相機系統。

「我不能突兀地邀約會議，我要做到情緒先贏。我首先找了品管經理，把照相機系統的原理講清楚，並運用了人性中的趨吉避凶進行說服：一旦改了照相機系統，技術部將會啟用更嚴格的控制照相機的方案，這就面臨著停止生產，而停產造成的損失是任何一個部門都無法承擔的。至此，品管經理的態度也柔和了一些，並表達了自己的擔憂，同時答應內部開會討論。當然，整個過程中無論她有多激動，我都平靜地表示理解，最後對於她說的內部會議表達了感謝。」

2. 邀約會議的郵件仔細斟酌，並創造共同的目標。

「邀約會議的時候我思考了一下，明天開會，大家的立場完全相反，品管部想要零風險，生產部員工不能接受多次回收，如何達成一致？我們一定有一個共同的目標，這個目標是什麼呢？就是既有高品質的產品，又不會多次回收。於是我把這個大目標寫在了郵件的最後。為了開會的士氣和效率，我還特地寫了會議背景、具體目標以及會議規則，我要一鼓作氣解決它。」

3. 會議進行時，不斷放大既定目標並及時點讚。

「第二天開會，大家都準時到，看來會議規則很重要。如我所預期，品管部不會隨隨便便同意生產部的需求，但最終放棄了更新所有藥品照相機系統的決定，依據照相機的原理，檢視數據，最後再決定更新照相機系統的數量，並且提供給生產部查詢數據的高效率方法。在這個過程中，我反覆給品管部同事點讚肯定，並提出生產部的實際困難也需要他們的幫助。本來約了 1 個小時的會，32 分鐘搞定。在這次會議中，矛盾雙方都沒有完全達到自己最初的意願，但卻找到了一個更好的解決方案，從而達成了我們共同的大目標。」

案例小結：

「在這個事件中，我之所以能吃掉這個燙手的山芋，根本的原因在於我探尋了觀點對立雙方的動機，偏差本身是負面事件，但我找到了負面事件背後的正面動機，也是矛盾雙方期望的目標：為患者提供高品質的藥品，同時減少回收。在整個過程中我不斷同理雙方的感受，讓對立觀點的雙方都感覺我在他們的陣營中，這樣在溝通過程中我們彼此的情緒是穩定的，理性的大腦才能正常思考，為後續達成雙贏的目標奠定了重要的基礎。

事後，無論同事還是老闆，都對我讚賞有加，尤其是面對那位品管部同事，能做到不卑不亢、有理有情實屬不易，要知道，她可是公認的奇葩同事，所謂「奇葩」就是非常難說通，溝通時會從頭到尾不聽其他人的任何解釋，只按照自己的想法輸出觀點。那為什麼我能影響她呢？其實，在我看來，並不是我有多麼高超的話術，而是我相信她的奇葩或固執的背後，有一個合理動機，那就是確保藥品的零風險。以往，她的這個合理動機在溝通中總讓人很有壓迫感，她非黑即白的溝通方式永遠要戰勝他人，但其實我從中助力的，就是「魚和熊掌可以兼得」的新思維，讓大家不再對立而擁抱雙贏。」敲黑板：奇葩或固執的觀點背後，總有你能發現的合理動機。

解析：高情商的 HRD 可以從中獲得什麼

上述案例發生在生產部和品管部之間，高情商協調員卻是一位技術工程師，如果她恰好不是我的講師班成員，我相信她一定不敢接這個燙手山芋，畢竟，類似的跨部門衝突多年都循環往復著，足以說明協調的難度有多高了。那麼，到底是什麼阻礙了協調的進展呢？歸根結柢一句話，洞悉真相的視角出了問題。

以往，我們總是以「事件」的視角來看問題，比如，生產部和品管部有了矛盾，且乍一聽各自都有理，那怎麼辦？

只能權衡孰輕孰重，最後以「輕」者作為代價方。藥品可謂性命攸關，所以藥廠百分百以品管部為先，跨部門衝突顯然就是品管部贏、其他部門皆輸，但最終真正的輸家是組織，因為當其他部門都覺得自己人微言輕時，該表達的觀點就不表達，該呈現的問題也不呈現，組織付出高昂的成本只是顯而易見的代價，但肉眼所不能及的又是什麼呢？總是「輸家」的部門，員工揣著負面情緒「積極」地工作著，「積極」於加班的表象，而核心卻是「怠工」。

那麼，比「事件」高級的「情緒」視角，如何能將協調進行得高情商呢？第一，判斷各執一詞的雙方未表達的情緒是什麼，比如，品管部堅持零風險而「連坐」，這背後是一種擔心，甚至是不安全感，而生產部認為連坐不合理，顯然有一種委屈，甚至是不公平感（憑什麼一種出錯就要嚴查所有種類，大量回收令人怨聲載道），當然，他們也會有一種擔心，那就是既定的生產計畫被打亂。第二、問自己兩個問題：「雙方的情緒合理嗎，如果是我會不會也很相似」，「既然情緒可以理解，那背後的動機又是什麼」，比如，品管部的擔心是希望我們的藥品都是安全的，生產部的委屈是希望投入的人力物力不是在做白工。第三、用提問的方式，設計一個雙方都不會拒絕的願景，比如，怎樣的一個方案是可以確保藥品安全的同時，又可以不浪費企業的人力和物力呢？第四，協調過程中，不斷認可雙方的努力，並提煉雙方各自的困難，一步步商討解決方案。

其實，這就是雙冰山模型的運用，當 A 和 B 遇到觀點分歧的時候，普通人多半就在冰山表層進行「互相傷害」，什麼是互相傷害？我對你錯、我明智你愚蠢啊。而高情商的協調者絕非和稀泥高手，他們更擅長引導雙方說出冰山底層的感受和動機，在動機層面先建立共識，然後圍繞此共識即目標，再去共創雙贏的 C 方案。

那什麼又是雙贏的定義呢？雙贏，從來不是一百分的答案，你我當下都能平靜甚至愉快接受，就是雙贏。而雙贏分為兩類，第一類是最理想化的，也就是百分百滿足了 A 和 B 動機；第二類雖不完美但很不錯，也就是部分滿足了 A 和 B 的動機，只是雙方的百分比不同而已，但最終都得到了雙方的認可。這就是高情商 HRD 所需要擁有的新思維和新能力，讓你更游刃有餘地成為跨部門協調者！

總結一下，高情商的 HRD 到底如何解決跨部門衝突呢？

1. 洞悉問題的視角從「事件」疊代為「情緒」，思考第一個關鍵問題：兩個部門之所以「槓上」了，各自的負面情緒是什麼？
2. 嘗試去理解各自情緒背後的正面動機，思考或探尋的第二個關鍵問題：雙方生氣／牴觸／擔心等等情緒的背後，各自真正的關注點又是什麼？

3. 用「魚和熊掌可以兼得」的思維促成合作，思考或發起的第三個關鍵問題：有什麼樣的方案可以既關注到 A，又能不忽略 B 呢？

如此一來，你也能成為本節中那位逆襲衝突的高手，其價值在於，因有能力主動蹚渾水而真正樹立自己的威望，同時因有能力擺平衝突而得到老闆的青睞，更重要的是，你會因此而越來越欣賞自己，猶如我的這位講師一般，我始終都能記得她跟我描述這件事時光彩照人的模樣，那麼，這是你

理想中的職場形象嗎？

【可 E 姐給你劃重點】

「位置決定腦袋」這句話，大概可以最好地囊括跨部門衝突的原因，換句話說，每個部門都要為自己的 KPI 負責，而當兩個部門的 KPI 當下有矛盾的時候，似乎除了互相傷害就只能妥協，但這真的是真相嗎？

三個問題助力高情商的 HRD 解決跨部門衝突：1. 兩個部門之所以「槓上」了，各自的負面情緒是什麼？ 2. 雙方生氣／牴觸／擔心等情緒的背後，各自真正的關注點又是什麼？ 3. 有什麼樣的方案可以既關注到 A，又能不忽略 B 呢？

上下級衝突如何高情商化解

【請你帶著這些問題閱讀】

在你的職業生涯中，印象最深刻的一次與上司的衝突劇情是怎樣的？

你曾經聽到或看到的、最糟糕的上下級衝突，你認為誰的問題更大？

如果你作為 HRD 要介入上述畫面，你會用什麼方式來化解衝突呢？

一部影劇中有一段劇情：警察大學畢業、當了警察的小東說「警察就是為了匡扶正義，保護百姓」，當他奮力追捕偷了兩條鹹魚的小偷，而破壞了刑事處重大案件的時候，他上司的本能反應就是要開除他！還有一段劇情：警察局為了推卸責任，讓警民衝突中的主角小東背誦一篇稿子，把警察的暴力說成正當防衛，其目的就是將責任推到老百姓身上。在上層看來，這麼簡單的事，他一定能辦到，但偏偏小東辦不到，因為他有自己堅持的正義。所以，在劇中，他一直是令上司頭痛的下屬，究其原因，要麼是目標不同，要麼是信念不同，當然，也有專業或能力不一致導致的衝突。

而職場中的上下級衝突亦是如此，而且無論是頻率還是程度，其實都不亞於第一節的「跨部門」，只不過，它不一定如跨部門一般的顯而易見，因為員工對老闆如果不滿，大多都能忍，但忍到一定程度，要麼大爆發、要麼交辭呈，這時候你看到的問題已積蓄已久。有沒有可能在問題初露端倪時，就敏銳發現並及時介入呢？答案當然是有，但確實相當考驗你的情商力。我仍然藉助一個案例來剖析原委……

銷售總監與銷售經理的年末崩盤

案例背景：

銷售經理曾經是我培訓過的學員，在 2021 年底他主動找我做 1 對 1 諮商，付費時他提了一個另類的要求：付費兩小時，一小時給自己，一小時給老闆。我當然很好奇這背後的原因，他說：「昨天聽了您在社群的分享『如何開啟高情商年末談話』，我瞬間被擊中，因為上週我剛剛做完和老闆的年末談話，結果談砸了！我知道這裡有我的問題，但我更想從兩個人的角度一起來解決，而且我已經跟老闆說了，他也同意。」

我問他「談砸了」意味著什麼，他告訴我，當時的結尾是「我要辭職，他說『那你走流程吧』」，我聽完小結道：「如此崩盤的情境，但你們倆都願意來諮商，可見那場談話有多麼的對抗，而且都是情緒的對抗。」於是，我帶著不一般的使命開始了這兩場史無前例的 1 對 1 諮商，諮商結束令我開心的是，他們各自都意識到了改進點，而且銷售經理果斷成為了我的私教學員，但令我感慨的是，明明上司對下屬內心無比欣賞，可為什麼下屬的感受卻是自己根本不被待見？

你可能有點驚訝怎麼會有如此巨大的落差呢，說實話，第二場諮商的最開始，我也很驚訝。因為，之前當我問經理「你覺得老闆對你的評價可能是什麼」，他的回答是：「一定很不滿，他認為我的管理能力很差，脾氣也很臭。」可當我問總監「除了剛才說到的情緒化以外，你對他的評價還有哪些」，他居然一連串說出了若干個褒義詞：誠信、有擔當、積極向上、業務能力強、有上進心、有危機意識、好勝且榮譽感強、懂得分享（銷售經驗毫不保留地分享給其他團隊）、業務交給他很放心！你可以想像當時的我，隔著螢幕嘴巴張得有多大嗎？我定了定神，追問了一個問題：如果從對下屬的綜合滿意度而言，1 到 10，你會給他打多少分呢？「8 分！」總監毫不猶豫地回答。所以，當我說「其實他覺得你對他很不滿意」，總監也驚呆了。那麼，這其中的落差到底是緣何而產生的呢？

衝突線索：

1. 招募業務員，到底誰說了算？

總監有三位經理，也就是三個團隊，他對這位銷售經理的團隊人數總感到不滿，年頭到年尾，進進出出總是只有兩個兵，所以，他希望銷售經理持續徵人。經理也不含糊，列了五項招募要求給 HR，這下可讓 HR 為難了，因為能滿足這五項標準的履歷少之又少，可又知道這位經理不好惹，於是 HR 向銷售總監求援，總監心想這也是實情啊，回覆道：「這樣，我們先做初試，合格的再由銷售經理複試。」沒想到，接下來因為一位 88 年的女生，這組上下級之間產生了分歧：經理擔心這個年齡入職很快會懷孕，總監認為這是女性員工的權利，不錄取就是性別歧視，於是，兩個人不歡而散。

與此相關的還有一個分歧：新進的業務員到底應該經理親自帶，還是放在電銷團隊培養。總監發現每一個新入職的業務員，這位經理都安排到了電銷團隊，而不是自己培養，他很生氣，因為這會讓新人的感受很糟糕，完全就是一種不管不顧！那麼，經理為什麼會這麼安排呢？我後續再告訴你緣由，反正，面對總監的指責，經理選擇的是：閉嘴。

2. 明明業績超額，為何卻得到負評？

那場年末談話最重要的導火線，源自於總監有這樣一句評價：「你大部分的時間都花在了自己身上。」聽完，經理瞬間就反彈了：「我當然有花心思在團隊！」於是 PK 繼續更新，最後經理甩出一句話「既然你這麼不認可我，那我做回業務員就好啦」，總監也絲毫不退縮地回應「可以啊，你找 HR 走正常流程吧！」

三天後，他們分別在和我的 1 對 1 諮商中，都對這件事有了覆盤。經理說：「我的團隊業績如此突出，可是他卻說我的時間都花在了自己身上，這不是百分百對我的否定嘛！」總監說：「他的團隊業績有目共睹啊，我只是從報表角度反饋一個狀況啊！」經理說：「即便我個人業績占比確實很高，但兩個大單我花的時間很少，大部分都在帶團隊，他為什麼不仔細研究一下報表，就這樣莫名地否定我……」

◆ 案例小結

明明很被欣賞的下屬，為何總有一份深深的不被認可？僅僅是因為上司不會表達嗎，又或者是因為下屬過於敏感嗎？根本問題是：他們都很容易被對方的情緒牽著鼻子走，而完全不自知！

先來看線索一的徵人情境，聽到總監說「你這是性別歧視」，經理「蹭」地一下就冒火，於是總監也被點燃，最後溝通崩盤。如何破局呢？

如果從總監作為突破口，那麼，第一步，他得意識到「你這是性別歧視」，這七個字是妥妥的評判而非事實，其後果是什麼呢？顯然，任何一位聽者都會不爽，只不過大部分的下屬會選擇「忍」，而案例中這位既有能力又有脾氣的下屬選擇了「飆」。第二步，有了這個意識後則開始思考：怎樣的表達既真實又不得罪人，比如：「如果是女性我們就不錄取，我擔心會被公司高層認為是性別歧視」，如此一來，火藥味一定會大大降低。第三步，嘗試在理解對方合理動機的基礎上，提出一個高品質的問題讓下屬思考，比如：「如果新人很快懷孕確實會耽誤銷售工作，那假設 HR 這邊沒有其他人選的話，你覺得怎麼規避這個風險呢？」

如果從經理作為突破口，那麼，第一步，聽到「你這是性別歧視」這七個字，怒的那一刻首先能察覺到自己的情緒，這裡的重點是「察覺」而非「控制」，因為普通人的情緒反應一閃而過，等到察覺時已然反應結束（而當下察覺的方法「心情日記」，我已在第四章第一節之「放下評判」中做過解析）。

第二步，察覺後控制情緒，也就是忍住脫口而出想說的第一句話，或當下第一件特別想做但多半也會讓自己後悔的事，有一個法則叫做「六秒控制」，就是六秒內什麼也別說、什麼也別幹。

第三步，六秒控制後開始思考：怎樣的表達不是反彈但卻有效，比如：「這樣的評價我感覺很委屈，因為我並不歧視女性，只是擔心這個實際問題而帶來的人力浪費」，這就是「敢說不得罪人」的關鍵：事實＋感受＋動機。

第四步，做出合理建議，比如：「目前我的團隊雖然人少但還夠用，那我對人選就嚴格一些，實在不夠用再放寬標準，您看行嗎」，我相信這樣的向上溝通才是有積極影響力的，你同意嗎？

再來看線索二的年末談話，聽到總監說「你大部分的時間都花在了自己身上」，經理「蹭」地一下就回嘴，於是總監也被點燃，最後溝通崩盤。如何破局呢？

如果從總監作為突破口，那麼，第一步，他得意識到「你大部分的時間都花在了自己身上」，這句話看似有事實根據，但對下屬來說妥妥的就是一份負評，而這位下屬恰好還是帶領團隊超額完成指標的經理，他此刻原本想得到的一定是好評，面對落差極大的回饋於他而言就猶如當頭一棒，所以，高情商人士的真正必殺技，你知道是什麼嗎？預估他人情緒反應的能力！第二步，在預估這句話除了惹毛對方其他一無是處的基礎上，開始思考：如何將這個回饋有效表達，比如：「我看到報表上你的個人業績占比 70%，所以會擔心你日常團隊和個人管理方面的時間分配，你能跟我聊聊嗎」，如此一來，對方就能開啟好好說話的按鈕，而「負面回饋高情商表達」的策略：事實＋感受＋探尋。

如果從經理作為突破口，那麼，第一步，聽到「你大部分的時間都花在了自己身上」，怒的瞬間仍然先是察覺情緒，並且接納這份情緒，告訴自己「這句話確實讓我很生氣」。第二步，啟動情緒 ABC 的思維，問問自己「我的信念是什麼」，於是發現答案是：我認為這是他對我的全盤否定。第三步，嘗試改寫自己的信念，問自己「真的是這樣嗎？他有這樣的評價還可能源於什麼？」順著這個靈魂拷問，他才有可能發現：也許這是基於年末報表的 70% 占比。（諮商中他告訴我被質疑的當下，其實腦袋是迷茫的。）第四步，合理表達自己的想法，比如：「對這個評價我很委屈，因為事實上我的大部分時間用在了團隊，但我猜想可能是因為我個人業績占比 70%，您會有剛才的評價，所以我想跟你彙報一下細節，您看可以嗎」。解鎖「合理表達情緒與觀點」的關鍵點：事實＋感受＋動機＋同理他人。

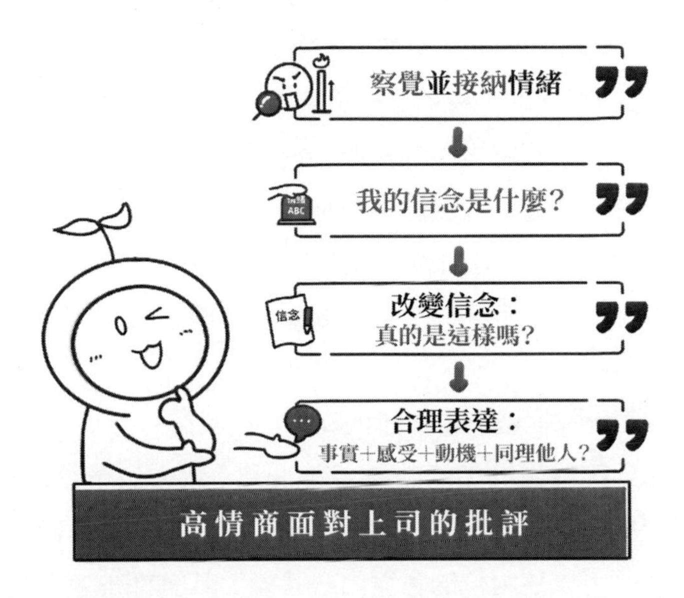

以上也是我在這兩場 1 對 1 諮商中的拆解要點，分別讓兩位都看到了自己的問題點和改善點，換句話說，他們都拿到了專屬於自己的方案，但最開始的時候，其實他們都期待我能搞定對方。所以，情商力的最佳啟動方式是雙方同步改善，但更現實的是，一方先改善從而開啟正向循環的按鈕，因為只要一方的情商力提升了，就足以因自己的不同而積極影響另一方。

高情商的 HRD 可以從中獲得什麼

讀到這裡，如果你覺得我的諮商過程可圈可點，那就值得你思考這樣一個問題：「如果我也能如此處理企業內部的類似衝突，那麼，我未來的 HRD 之路會不會更順暢？或者，我當下的 HRD 之座會不會更穩？」

接下來，我將自己的諮商心得結合著情商理念，為你做深度拆解。首先，我從事態已進展到上述崩盤畫面的角度，來解析 HRD 如何有效幫助他們破局；然後，再嘗試將此畫面倒推至初露端倪之時，你又該如何及時介入從而讓情況不會升級至此。

畫面已然崩盤，你如何化解？

此案例發生於年末談話，經理說「我去做業務員」，總監說「找 HR 走流程」，這個結局顯然已經無法再衝突了，但重點是，以這兩位的真實內心狀態，其實都不會主動來找你，可如此勁爆的訊息你怎麼有可能沒有耳聞呢？所以，此刻的你，需要思考的第一個問題是：要不要主動出擊，如果出擊先找誰？

我猜想至少有一半的 HRD 會選擇按兵不動，畢竟，這樣的渾水為什麼要去蹚呢？但我想告訴你，高情商的 HRD 一定主動蹚！因為上一章我們就已經提到了一個關鍵思維：為 CEO 解決問題、留住人才，試想一下，如果老闆知道了兩位銷售主將居然槓上了，而且還如此慘烈，他老人家會不會很難受？所以，問題已經如此突顯，請別躲，越躲越會引來老闆對你的問責：你作為 HRD 為什麼不及時處理，留住業績優秀的銷售經理，擺平他和總監之間的衝突？！所以哦，主動蹚渾水，是高情商 HRD 的正確選擇。

那麼，此刻的你到底應該先找誰聊呢？我個人建議先找總監，因為經理沒有主動找你，你多半就能猜到那是他的一時氣話，所以，如果你先找他聊，開場會有點尷尬。當你說「聽說你想離職或降級」，正在氣頭上的他往往會說「對啊，我正想找你呢」，而不會真實地回應「其實我沒那麼打算」。所以呢，找總監聊相對比較好，而且你可以真實了解總監的想法，這樣對下一場和經理的談話也有幫助。

當然，也許你會好奇為什麼我的兩場諮商卻先安排了經理，因為從諮商的角度，他是第一求助者，而且我相信他和總監的問題絕不可能只是這件事，所以我需要從更全面的角度先了解第一當事人，再選擇第二當事人。好了，回歸正題，現在你已經調整好了自己的信念，也就是主動解決遠勝於被動問責，而且，談話順序也確定好了，那接下來你還需要做何準備呢？

四個字：心理準備，那就是任何一位現在向你吐槽對方時，你做何反應呢？第一、千萬不要做任何評價，比如：

他這麼過分啊、他怎麼可以這樣說話、他這種反應簡直就是……要知道，這些話只會加重說者的負面情緒，而且，還會更強化「我是對的」！第二、千萬不要做任何解釋，比如：他應該不是這個意思吧、我想他其實也沒有惡意、我覺得他這麼說是因為……告訴你，這些話只會讓說者更生氣，因為，他感覺你是那頭派來的！第三、千萬不要一味地「嗯、哈、是」，因為這對說者來說就是敷衍！

天吶，現在你是不是感覺簡直不知道該如何說話了？是的，日常我們的本能反應往往都會掉入「溝通漏斗」的陷阱，你的評價本想表達對他的認同，但反而對他的情緒卻更加重了；你的解釋本想讓他的情緒降級，但他卻覺得你和他不在一個陣營而更激動；你的「嗯、哈、是」本想表達自己在認真的聽，但他卻感覺被敷衍。所以，溝通就是個技術性工作，而高情商如何幫你解鎖這項新技能呢？正解其實只有一個：揣著同理心和對方進行往心裡去的溝通。

當總監說「他居然跟我叫板，還敢威脅我說降級去做業務員」，請你用這樣的方式來回應：「確實被下屬挑戰會很生氣，所以我知道你回他的那句話也是氣話，對嗎？」這時的總監一定會說：「對啊，真是把我給氣死了，而且我跟你說，他不光是這次啊，以前……」你繼續用同理心的方式，讓他的情緒有一個疏通的管道，再啟動關鍵性的問題讓談話進入真正的頻道，比如：「看來他讓你頭痛不是一天兩天了，那這麼長時間你都能容忍他，我相信你也一定是對他有欣賞的地方吧？」於是，找到欣賞點，再回到他們的衝突點，剖析的重點是：如何調整自己的溝通方式，來提升對這樣有能力又不服軟下屬的影響力呢？

那麼，跟經理的談話又該如何拿捏要點呢？開場有兩種方式，第一種「我跟總監聊過了，其實他非常不願意你真的來找我走流程」；第二種「你們的衝突我聽說了，我相信最後那句話其實是你的一時氣話」。至於中間你一定也會聽到各種吐槽，原則與總監的上一段是一樣的，不做評價、解釋、嗯哈是，而嘗試用同理心的方式說出經理在情景中的感受，比如「業績超標卻得到負評，我理解你一定很委屈，感覺不公平」，允許他宣洩一下情緒，然後再用關鍵性的問題去翻轉他的信念，比如「大部分時間都花在自己身上，這句話你覺得是總監對你的全盤否定，那站在他的角度，你覺得可能是什麼原因會讓他有這個評價呢」。如此一來，你才有機會讓他在平靜中看到這個問題的錯誤！超連結參照不正確。真相。

所以，往心裡去溝通的關鍵，是把關注點放在對方身上，而不是急於將自己的真知灼見讓對方悉數買單。

畫面倒推，如何介入問題

事實上，在業務員招募的衝突中，HRD 就應該及時介入了。還記得嗎？首先，之前提到的一位 88 年女生，到底錄取還是不錄取，就已經突顯了他們的衝突。其次，新進的業務員應該經理親自帶，而非放在電銷團隊培養，這個問題總監一直對經理的做法很不滿，但經理一直我行我素。我相信這兩個問題 HRD 早就看到了，但卻沒有介入，為什麼？因為不知道該如何介入，我來為你一一破解。

第一，88 年的女生錄不錄取，這其實不是一個問題，真正的問題是，經理列過五項用人標準，HR 說太難所以銷售總監說「我們初試再由他複試」，銷售總監的解決方案，其初衷很好，想化解一下用人和徵人之間的難題，但結果一定不會好，因為標準尚未統一，怎可能透過這樣的初試加複試就愉快解決呢？

所以，如果你是高情商的 HRD，在那一刻就應該及時介入，溝通的重點不是總監而是經理，因為真正用人的是這位經理，你可以這樣表達：「這五項標準全部符合確實很有難度，但我也能理解這是讓你滿意的標準，所以，在初試履歷很難達標的情況下，我想請你排個序，也就是這五項中最重要的兩項是什麼，這樣我們可以相對放寬一下初試標準，複試階段再做篩選，你看可以嗎？」由此，不需要讓銷售總監來蹚這不必要的渾水。

至於，帶新人的方式，看似這是業務部的內部問題，但很顯然已成為這組上下級之間的一個瓶頸，高情商 HRD 則會及時介入，因為你此刻很清楚地知道，經理「我行我素」的背後必然有一些他的考量點，只不過在他們衝突的情緒中，不願意說罷了。那麼，你怎樣有能力開啟他的心扉呢？

「其實你知道總監希望你親自帶，是因為擔心在電銷團隊，新人有一種不被自己上司重視的感覺，但我相信，你之所以有這樣的做法一定也有你的合理出發點，你方便跟我聊聊嗎？」

「我這麼做是兩個原因，一來我很忙也缺乏一些耐心，怕顧及不到新人；二來我真心覺得電銷團隊的話術培訓非常到位，所以新人在那裡訓練兩個月再回到我這裡，上手會非常快，效果也會更好啊！」

這就是銷售經理告訴我的原話，但為什麼就是不告訴總監？因為他們在對抗的牴觸情緒中，經理壓根不願意開口，這才是他們真正的問題！所以，當你具備了高情商，無論你是或不是 HRD，都有機會做協調員而非和稀泥。敲黑板：明明有好想法卻打死也不說，往往因為牴觸情緒而不願意開口。

當然，你可能也很想問我，知道了經理的心聲怎樣繼續調解呢？還記得嗎，第一篇中我們反覆強調的「魚和熊掌可以兼得」，這個思維隨時隨地讓你成為真正的問題解決高手，怎麼運用呢？「你的想法原來是這樣，我覺得很好，當然，總監擔心的不被重視也不無道理，你覺得怎樣可以兼顧呢？也就是既不讓新人有這種感覺，又可以如你所願的在電銷團隊先磨練呢？」此刻的銷售經理，有百分百的意願和能力思索出雙贏的方案，你相信嗎？

總結一下，高情商 HRD 到底如何平息上下級衝突？1. 早介入遠比晚處理更明智，小問題及時干預，比如招募標準有難度的時候，用高情商方式去化解，而非把上級捲入而增加矛盾；2. 大衝突已然出現時，不要躲到一方來投訴，或老闆來問責再行動，主動關心雙方的感受、探尋雙方的動機，找到各自的提升點。

這就是高情商 HRD 防患於未然的做法，在有小火苗、甚至是小火星的時候，就用你的高情商去掐滅它們，這樣你才真正是 CEO 眼裡的紅人、團隊的核心。

【可 E 姐給你劃重點】

情商力的最佳啟動方式是雙方同步改善，但更現實的是，一方先改善從而開啟正向循環的按鈕，因為只要一方的情商力提升了，就足以因自己的不同而積極影響另一方。

高情商 HRD 到底如何平息上下級衝突？ 1. 早介入遠比

晚處理更明智，小問題及時干預，比如招募標準有難度的時候，用高情商方式去化解，而非把上級捲入而增加矛盾；2. 大衝突已然出現時，不要躲到一方來投訴，或老闆來問責再行動，主動關心雙方的感受、探尋雙方的動機，找到各自的提升點。

第七章

運用高情商輔導，推動組織領導力

領導力是個永恆的話題，無論是 CEO 還是 HRD，都知道它的重要性，很多企業也在領導力的提升上花費了不少預算，結果如何呢？坦白說，令人滿意的比例並不高，那麼，培訓、遊學、參訪等等這些看似都頗有收穫的投入，為何產出比往往並不樂觀呢？我們來看這樣一張圖，源自於《精力管理》（*The Power of Full Engagement*）這本書中一個很重要的模型，叫做能量金字塔。

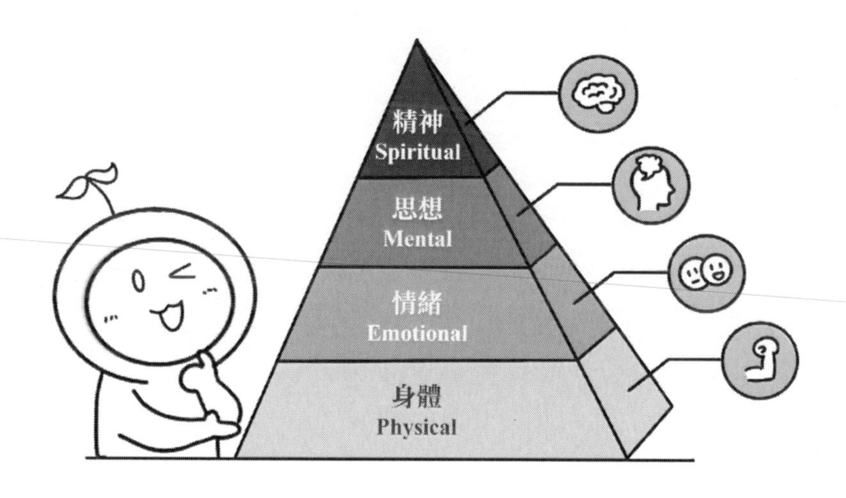

人的能量，從身體到情緒、到思想、再到精神層面越來越高，猶如馬斯洛（Abraham Maslow）的需求五層，那麼，它如何應用呢？五六年前，在一次線上的 2000 ＋ HR 活動中，我和大家是這樣來分享的：Physical 身體包含生理和環境，職場的絕大部分人這一層是 OK 的，但為什麼常常我們

在 Mental 思想的層面，注入了很多的知識、理論和工具，卻並沒有在 Spiritual 精神的層面產生蛻變呢？其原因是，Emotional 情緒這一層並不扎實，或者說，情緒不積極、意願並不強，那麼，懂了再多的道理還是過不好自己的人生。

這就是為什麼之前我就已經提到這樣一個觀點：管理學家多年前就把情商譽為企業的情緒生產力，換句話說，情緒可以倍增或倍減生產力，因此，真正的領導力是擅用情緒影響力，來推動人在精神層面的改變，進而推動組織的目標達成。但捫心自問一下，在職場又有多少管理者已擁有了情緒影響力？在士氣低迷時，他們能激發團隊走出谷底；在員工受挫時，他們能積極地讓對方看到自己的成長點。這樣高情商的管理團隊，才是 HRD 真正需要推動組織去打造的，你同意嗎？

高情商領導力如何贏得人心

【請你帶著這些問題閱讀】

「非職權影響力」這個詞你可能不陌生，你認為它的關鍵點是什麼？

如果員工敬業度的平均分數不太高，你覺得這背後的原因有哪些呢？

如果你是 HRM 或 HRD，你所在的企業日常是如何推動領導力的？

我不是格言控也不是追星族，但這四句名人名言，我抑制不住地想分享給你：

溝通是任何領導者所擁有的最重要的技能。

——理查·布蘭森（Richard Branson）

成功領導的關鍵是影響力，而不是權威。

——肯尼斯·布蘭查德（Kenneth Blanchard）

有效的領導力不是指演講或取悅於人；領導力取決於結果，而不是職位。

——彼得·杜拉克（Peter Drucker）

欲變世界，先變自身。

——甘地（Mahatma Gandhi）

領導者需要確保他們和團隊之間有一條暢通的溝通管道，而不是通知管道。真正有影響力的領導者會賦予團隊信任，而信任是雙向的，它會產生切實的結果。而且，光說不做是沒有用的，領導者必須帶著以身作則的心態開始每一天。

14 年的培訓中，領導力課程占比過半，我的《贏得人心的柔軟力量》這門課，之所以在企業的復購率很高，尤其是惠普、賓士這樣的大公司都是連續三年採購，因為 90% 以上的管理者都渴望自己能擁有贏得人心的影響力，但卻根本不知道贏得人心的關鍵其實就是情商領導力，大部分管理者仍然在「就事論事」的漩渦中打轉，小部分管理者知道情商可以增強領導力卻很難做到。所以，這一章節，我們的重點就放在「為什麼它是關鍵」，以及「如何突破」這兩個板塊。

高情商為何是提升領導力的關鍵

◆ 案例背景

在我的職業生涯中，最特殊的一次培訓經歷是這樣的：學員人數只有 7 位，同一家公司的合夥人，因為都很忙所以把兩天的課程壓縮到了一天的早上 9 點到晚上 11 點，而需求是什麼呢？「我們 7 個人無法開會，因為一開會就搞砸了！」這就是我最開始了解到的資訊，可想而知，當我接下這個培訓需求的時候，也是相當地咬了咬牙，那結果是什麼呢？上完課，他們的 HRD 馬上跟我確定了第二次的管理層培訓。分享這個部分，並不只是想展現一下我的培訓功力，更重要的是，七位合夥人一開會就搞砸了，這個表象背後深層次的原因，才是我將延展的核心，也是我發現大部分管理者真正需要提升領導力的關鍵。

◆ 深層原因

「一開會就搞砸了」，我最初聽到後的本能反應是：他們七個一定誰都不服誰，但我錯了，事實上，他們七位的私交很好，可以說是那種患難與共的程度，所以在公司從 0 到 1 的階段是絕對的齊心合力，業務也蒸蒸日上，很快團隊規模就過了百，B 輪和 C 輪融資都已完成。可是，發展越快就意味著決策越多，而決策的前提就是意見不同，七位合夥人都是元老，也都希望公司越來越好，何況彼此關係又好，因此，他們的溝通方式就是無需遮掩的直言不諱，於是，搞砸了的頻率和指數就越來越高，以至於後來他們只要想到開會就開始發毛。

◆ 案例解析

如何破解他們開會的衝突局面呢？既然直言不諱是問題點，那閉嘴不吭聲是解藥嗎？ No ！直言不諱的反面絕不是閉口不言，而是「直言有諱」之敢說不得罪人！這項能力也是情商賦予人們由內而外的魅力，特別是在領導力的板塊中，無論是向上溝通還是向下管理，都尤為關鍵。向上溝通中它毋庸置疑很重要，每個人都希望自己有能力表達和上司不一樣的觀點，但同時還能不破壞與上司的關係，那麼，為什麼向下管理中也尤為重要呢？因為當你有越來越多的機會面對 90 和 00 世代的下屬，但如果你總是在說一些內容正確卻令人不爽的話，這些更多關注個人感受的員工將更不買帳，他們要麼消極怠工、要麼積極走人，最終抓狂的仍然是你。這就是為什麼「敢說不得罪人」可謂現代管理者的核心能力，但我發現，大部分的管理者停留在這樣的兩個極端：要麼敢說得罪人，要麼不說憋死自己，因此，高情商的領導力就是讓你先擁有這項必備技能，才能打好「贏得人心」的基礎。

◆ 案例小結

如何擁有「敢說不得罪人」的關鍵能力，我會在本章的第二節做詳細拆解，現在，我們先從「為什麼高情商是領導力的關鍵」這個角度做個收尾。

案例中的七位合夥人之所以在會議中衝突不斷，一方面，大家彼此信任且目標一致，所以坦誠相見且不迴避問題，這是積極的一面，但利弊參半的另一面是，每個人都以直言不諱的方式將分歧推升至了零共識。那麼，直言不諱是溝通大忌嗎？或者說，直言不諱的結果一定是「忠言逆耳」嗎？坦白說，直言不諱的人基本都認為自己說的話就是忠言逆耳，潛臺詞是什麼呢？正因為逆耳的是我的「忠言」，所以你應該好好聽。但人性又是什麼呢？我知道是忠言，但就因為它「逆耳」，所以我就是不想聽！因此，高情商就是讓我們不要違背人性，明知道自己的話「很難聽」，還非要對方「好好聽」，你說這是不是反人性？

其實，高情商的重點就是：忠言也可以順耳，換言之，直言不諱的同時完全可以照顧到對方的感受，這就是高情商的直言有諱。由此，當七位合夥人開始意識到一輪又一輪的衝突中，原本各自看到的都是對方的問題，但其實完全有自己可以改善的部分。他們馬上就在原計畫的晚間模擬會議中，滿懷期待與信心地開啟了實戰。雖然，我不能說這場會已經開得非常好了，但明顯有了不同，每一位都不再聽完就直接回饋說「你不對、我不同意、這樣不合理」之類的話，而是語速刻意減慢，同時用「我理解一下你的意思……」、「我的想法是……，但是我也能理解你的是……」，於是非常有意思的現象是，會議的火藥味幾乎沒有了，而共識也慢慢開始出現了。

這個神奇的變化過程，僅僅是因為上述這些非同一般的高情商用詞嗎？當然不是，最關鍵的是，他們先意識到了以往那種直指他人痛處的溝通方式，真的相當「得罪人」，由此再開始願意去嘗試這些高情商的用詞，體會完全不同的溝通成果，所以，他們的培訓回饋是：超出預期。

那麼，他們的故事又能帶給所有的管理者們哪些啟發呢？「敢說不得罪人」，擁有這項能力的人不超過10%，大部分管理者的同級和向下溝通，基本處於「敢說即拍死對方」的狀態，這也是為什麼跨部門衝突頻頻和下屬大多很委屈的原因。那麼，大部分管理者的向上溝通，在「敢說則得罪老闆」和「不說就憋死自己」的兩極遊走。至於比例猜想也適合80／20法則吧，反正，大部分人面對老闆都會比較俗，但是，95、00世代未來的這個趨勢應該會越來越下降，這也是為什麼管理者越來越頭痛的原因。因此，高情商領導力的表現是：無論面對老闆、下屬還是同級，都能做到「敢說不得罪人」，用積極的情緒影響力推動事件更漂亮地解決，而這正是「贏得人心」的來源，比如，下屬很低落，你能夠透過往心裡去的溝通讓他走出谷底，繼而KPI提升；意見很分歧，你能夠透過往心裡去的溝通讓他感受到你對他的理解，繼而雙方才有積極的意願度去達成共識。

高情商領導力的突破該如何進行

1、敬業度Q12之情商版解析：

這是前言中引入過的蓋洛普敬業度調查Q12，而我不建議企業用於內部，因為風險極大。為什麼？如果內部調查，你會採取匿名還是不匿名的方式呢？這個問題我採訪過很多HRM和HRD，幾乎100%的回答都是「匿名」，確實，如果不匿名的話，對於員工而言，內心的負擔太重，「怎麼回答才安全」這一定是大多數員工的心聲。那麼，匿名了就沒問題了嗎？當員工真實回答後（每題 1 到 5 分），你知道這意味著什麼嗎？

內部調查的風險

1. 我知道工作對我的要求嗎?
2. 我有做好我的工作所需要的資料和設備嗎?
3. 在工作中，我每天都有機會做我最擅長做的事嗎?
4. 在過去的六天裡，我因工作出色而受到表揚嗎?
5. 我覺得我的主管或同事關心我的個人情況嗎?
6. 工作職位有人鼓勵我的發展嗎?
7. 在工作中，我覺得我的意見受到重視嗎?
8. 公司的使命目標使我覺得我的工作重要嗎?
9. 我的同事們致力於高品質的工作嗎?
10. 我在工作職位有一個談得來的朋友嗎?
11. 在過去的六個月內，工作職位有人和我談及我的進步嗎?
12. 過去一年裡，我在工作中有機會學習和成長嗎?

不匿名～
怎樣回答才安全?
匿名～
心聲你聽見了嗎?

管理層篇

我們仔細看看 Q12，幾乎所有的問題都針對員工的內心感受而設計的，所以，當員工真實受訪且打分都不高的時候，他們的內心其實已然發出了一身吶喊：「老闆，快來關注一下我的感受吧，趕緊誇獎我、鼓勵一下我、關心我的發展、重視我的意見吧！」那麼，結果是什麼呢？ HRM 和 HRD，你懂的……

再怎麼匿名也可以按部門來回收，由此可以計算出各部門的敬業度平均分數，於是對於墊底的部門，大老闆一定很不滿，多半會把 HRD 找來說：「這個部門的敬業度不行啊，你看看，年末考評結合一下，或者明年這個部門安排一下培訓。」你發現了嗎？真實回答後的結果對於員工而言，往往是自己可能被修理，而原本他們的期待是管理者可以改變！面對如此巨大的落差，怎不叫員工「心寒」呢？

所以，多年前的一次 HR 專題培訓上，當我解析至此，一位 HRM 站起來說：「我們公司連續三年進行了敬業度調查，我現在才明白為什麼今年發下去，聽到員工的反應是『哎喲，又來了』，但當時我真的很納悶，老師，這個調查不能用嗎？」

對呀，敬業度的調查到底能不能用呢？我的答案是：能，但不要用來調查，而是用於管理層的自我意識與能力提升。如何理解？舉個例子：如果我是一位管理者，面對 Q12，應該這樣問自己：每一個問題我預估我的團隊平均分數會是多少？如果這個分數不高，這說明我應該如何提升自己的領導力？比如，Q4 是關於表揚的，不管團隊打分多少，其實這都說明員工很希望自己經常能得到表揚，那麼，我是一個善於點讚的主管嗎？如果這是我的缺點，我的問題是根本發現不了員工的優點，還是能發現但不善於表達呢？如果是前者，我為什麼發現不了呢，是不是因為我總是用自己的高標準去衡量他人，然後就總也看不到他人的優勢呢？如果是後者，我是不是應該刻意學習一些表揚他人的高情商方法呢？

哇塞，此刻你有沒有一種眼睛一亮的感覺？就一個問題Q4，居然能延伸出如此之多的靈魂拷問，重點是，這一連串的問題引發的是自我提升的意識，而非以往僅僅因一個糟糕的分數，就給員工貼上一個「不敬業」的標籤！所以，對管理者而言，Q12 不是拿來考核員工的，而是用來捫心自問的。而且，Q3 至 12 這 10 個問題，都可以用上述 Q4 的方式來拆解，那麼 Q1 和 Q2 呢？這兩個問題偏事件，後十個問題偏感受，但是我想告訴你，千萬別小看這「事件」類的問題哦。為你深度解析一個與 Q1 相關的案例，讓你從中發現它的情商精髓。

敬業度 Q1 背後隱藏的故事

敬業度 Q12 的所有問題中，Q1 是最簡單的「我知道工作對我的要求嗎」，我相信大部分管理者都會認為，如果員工參加這項調查，最起碼 Q1 的回答應該分數不低，但是我想告訴你：不一定。

◆ 案例背景

在我的培訓中，每次不可或缺的就是案例解析環節，曾經有一個職場小菜鳥提出了這樣的一個問題，他說：「老師，我是做人力資源工作的，困擾的是，最近我一直需要加班。」當時我的第一個反應是：「你是什麼產業的HR，會這麼忙呢？」他說：「老師，其實產業不重要，最重要的是每天我有4到5個小時，需要線上回答集團近2,000名員工在OA系統上的提問，所以呢，我手上有很多的工作就落下了，我必須要用加班的方式才能完成。」於是我問他：「我很想知道你的直屬經理，對於你每天4到5個小時的線上回答問題，是怎麼看的？」小菜鳥說：「我的HR經理很明確地告訴我『這個不重要』。」

當他說完這句話，我明顯感受到了課堂上的騷動，以及其他人看這個小菜鳥異樣的眼光，我大概能解讀到的是：天吶，這人也太搞不清楚重點了！但我並沒有做任何評判，我選擇繼續問他：「我很好奇的是，是什麼給了你這麼大的動力，讓你明知老闆並不認同卻持之以恆地在做呢？」他堅定地回答道：「因為我覺得隨時隨地回答員工的問題，就是HR表達對員工的關懷。」這個時候，我能感受到來自現場更異樣的眼光，而此時的「更異樣」，是從之前的不理解甚至是鄙視，改寫為了欣賞甚至是崇敬！

這個案例我講給很多職場的管理者聽過，此刻如果我問他們：「你對小菜鳥現在的感覺是什麼？」他們都會告訴我說：「天吶，這孩子太敬業了！」是啊，小菜鳥的工作範疇中並沒有被經理定義為「負責員工關懷」，但是他卻認為，自己額外做這些事情，就是在表達對員工的關懷，多崇高的動機啊！

◆ 問題癥結：

其實，案例解析才剛剛開始，在課堂上，我繼續問他：「那你每天四五個小時的線上回答，應該會有很多類似的問題，我很想知道你們公司的新員工入職，有這方面的培訓嗎？」他說「有啊」，那我繼續問這方面的培訓是誰做的呢？他說「是我」，瞬間，他意識到：如果自己在新員工 HR 知識方面的培訓能夠做得更到位，那每天在 OA 系統上提問的人就會大大降低了！

至此，表面上我們找到了問題的癥結點，但其實我更想跟你剖析的是我內心的感慨。我感慨的是什麼呢？小菜鳥的困惑一直帶到了課堂，這說明過往 HR 經理和他對於這件事情的溝通是完全無效的。

而這類溝通我不需要問都可以腦補的畫面是：過往，每次經理經過小菜鳥的辦公桌，看到他在 OA 系統上回答問題，反應是什麼呢？「哎，我不是跟你說了嗎？不要做這個，這個不重要，趕緊做我讓你做的事情！」「嗯，好的，我知道了」，這是小菜鳥在面對經理的指責和壓力下最正常的反應，結果呢？那就是經理扭頭一走，他低頭接著做！這是為什麼？

◆ 案例解析：

事實上對照 Q1，小菜鳥很清楚地知道工作對自己的要求，但自驅力強的人，往往會以自己的價值觀來調整行為的排序，換言之：當我認為某件事情比老闆交代我的事更重要，我很有可能第一選項還是做那件事。再回到他們日常真實的溝通畫面，第 1 次、第 2 次、第 3 次基本都重複著「別做了、哦好的」類似的畫面，而每次問題都沒有解決，因此這個案例我更想請你思考的問題是：如果你是小菜鳥的直屬經理，你如何可以讓他不需要等到上我的課，你們倆就可以愉快地解決呢？

此刻，你可以闔上書、靜靜地思考一下，答案我在下一節揭曉。此處，我來做一下本節的總結，關於「領導力如何贏得人心」，我們從兩個板塊進行了剖析，分別是：高情商為什麼是提升領導力的關鍵、高情商領導力的突破該如何進行。第一個板塊的關鍵詞是「敢說不得罪人」，作為高情商的管理者，無論對上、對下還是平行，都應該具備真實表達觀點、又不破壞關係的能力，如此，才能擁有贏得人心的基礎。第二個板塊的關鍵詞是「敬業度 Q12」，用這 12 個問題反推自己應該具備的能力，而非一味抱怨員工的不敬業，才是高情商領導力的真正突破點。

【可 E 姐給你劃重點】

直言不諱的人基本都認為自己說的話就是忠言逆耳，潛臺詞是什麼呢？正因為逆耳的是我的「忠言」，所以你應該好好聽。但人性又是什麼呢？我知道是忠言，但就因為它「逆耳」，所以我就是不想聽！

高情商為什麼是提升領導力的關鍵？這個板塊的關鍵詞是「敢說不得罪人」，作為高情商的管理者，無論對上、對下還是平行，都應該具備真實表達觀點、又不破壞關係的能力，如此，才能擁有贏得人心的基礎。

高情商領導力的突破該如何進行？這個板塊的關鍵詞是「敬業度 Q12」，用這 12 個問題反推自己應該具備的能力，而非一味抱怨員工的不敬業，才是高情商領導力的真正突破點。

HRD 如何高情商輔導管理層

【請你帶著這些問題閱讀】

當你發現平行部門管理者的領導力不夠力，你會出手拯救他嗎？

如果你曾經拯救過其他管理者，過程和結果令你們雙方滿意嗎？

如果你是 HRD 但極少輔導同級，是什麼原因阻礙了你的拯救？

一位知名集團的資深人資副總曾經分享《如何打造 HR 職業化隊伍》，在其中的「企業發展的 GPS」板塊，他說：「第一個 G 是成長，一個優秀的 HRD 首先要確保企業的業務能夠健康成長；第二個 P 要成為業績的推進器，HRD 也要能確保企業的業績增長；第三個 S 是管理督導而非服務，如果僅僅是服務，對我們自己的定位就低了，所以，HRD 必須做到管理督導。」

借用該副總賦予 HRD 的崇高使命「管理督導」來延伸，我相信此刻的你，已然具備了高情商的眼光來看待周遭的人與事，隨之而來的問題是，當你發現組織內部的管理者有低情商的行為時，你又該如何指出呢？如果你直截了當地告訴對方「你這樣做／說很不對」、「你這種方式情商不高」，媽呀，瞬間你也掉入了低情商的陷阱，所以，千萬不要憑藉高情商的視角、疊加低情商的方式來回饋他人的問題，你需要繼續精進一個能力：高情商輔導管理層的能力。

寫書過程中，我採訪過老闆、HR 和其他管理者，之所以採訪老闆，是為了之前的「CEO 思維」做準備，而採訪後兩者，則是為了更多的章節打基礎。那麼，是什麼激發了我本章主題的靈感呢？其實，源自於有一位管理者在談到與 HRD 互動中的不滿，他的原話大概是：HRD 總是對我們指手畫腳，經常跑來分析我們這些部門負責人的問題，尤其是評價我們帶團隊的方式怎麼、怎麼樣，我經常用「你行你來帶啊」回他。我聽完用「強勢輔導」四個字來概括，他說「非常正確」。由此，本節我們就來談談高情商的「溫柔而堅定」，如何可以來替代「強勢輔導」。

HR 小菜鳥的案例延展

如果你恰好目睹了這組上下級之間的日常互動，或者，透過 HR 經理的抱怨知道了這件事，當然，不管哪種方式，你現在只是知道了他們之間的不和諧，而員工的真實想法你並不知道，那麼，你應該如何高情商地介入呢？首先，我建議你找員工聊聊，弄清楚他的真實想法，畢竟，你腦海中的雙冰山圖正告訴你：從事件層面看到兩個人的觀點不同，那他們海平面下面的動機肯定不同。如何開口也很考驗你的情商，請你用「事實＋同理＋提問」的方式進行：

「我發現你和經理在『線上問答』這件事上很不一致，我相信你很清楚經理的想法，但我相信你這樣做一定也有你的道理，你願意跟我聊聊嗎？」當你獲知了他的真實想法後，千萬別吝嗇對他的讚美，同時，引導他去思考怎樣可以更好地解決問題。比如：我猜想你沒有告訴經理，是因為覺得自己被指責了，當然，你其實也很清楚，你越不說他就越不理解，你們的矛盾也會更深，對嗎？（還是用「同理＋提問」的方式）這樣，我也會和經理溝通一下，然後你們再做深入溝通好嗎？接下來，你可以找經理好好聊聊，進行一場高情商的輔導，而非強勢輔導哦。

1. 做好高情商解析問題的專業儲備。

Q1 看似很簡單，但仍存在溝通漏斗。第一種漏斗，來自於人們不同的理解，哪怕每家公司都有非常明確的職位說明書，但不同的人看完同一份職位說明書，理解的可能不一樣，所以產出的行為不一樣。第二種漏斗，與此 HR 小菜鳥故事相關的是，千萬不要忽略價值觀對一個人行為的影響，而且價值觀是沒有對錯的。所以，當下一次看到員工的行為不如你所期待的那一刻，你首先應該思考的是：我和他在工作內容的訊息傳遞上有沒有可能出現漏斗？其次，你可以思考的是：我是不是不理解他的價值觀，或最起碼我不知道他的動機是什麼？

2. 做好高情商輔導經理的開場準備。

當你想去輔導經理的時候，請千萬記得：他此刻並不認為自己需要輔導，所以，你的開場白不需要拐彎抹角，但也別直指他的問題，而是你需要先激發他想解決這個問題的欲望。開場白到底如何設計呢？

「最近我發現你和小 A 在『線上問答』這件事上，好像總是不太和諧，你是什麼感覺呀？【事實＋詢問感受＝讓他吐槽】哦，你說了他好幾次啦，那確實挺生氣的，我看他也一直在加班完成工作，不過這個問題如果不解決的話，你會有什麼擔心嗎？【同理＋放大問題＝讓他重視】我今天正好因為其他工作跟小 A 聊了幾句，意外發現你們之間其實存在著誤會，你想不想聽聽我的想法？」

3. 用好高情商提問開啟經理的思維。

上述的開場令你自然進入正題：「我知道你每次看到他在做『線上問答』時，心裡一定很生氣，會覺得自己說了這麼多次，他還是這樣地分不清重點，對嗎？【同理經理的感受＋動機】今天當我問他原因的時候，他說『隨時隨地回答員工的問題，就是 HR 對員工的關懷』，我很想知道你此刻對他是什麼感覺呀？」

「對呀，我當時也跟你一樣，有點驚訝，甚至還有點欣賞他呢。那你好不好奇為什麼他沒有跟你說呀？【等經理點頭】嗯，其實這也是我想跟你分享的一個提問經驗，你看喔，如果我現在問你『你為什麼總是這麼做』，你是不是感覺不太舒服，就不想回答？所以，『為什麼』這三個字很容易讓人感覺被質問，甚至是被指責，很多人就抗拒回答。我以前也經常這麼問下屬，發現效果很不好，所以我現在就調整了，剛才呢我是這麼問他的，『我發現你和經理在『線上問答』這件事上很不一致，我相信你很清楚經理的想法，但我相信你這樣做一定也有你的道理，你願意跟我聊聊嗎』，不知道你感覺怎麼樣？」

由此，你們就有一個充分溝通的機會，而之所以可以進入「充分溝通」，是因為你並沒有給對方被教育的負面感受，更多的是一種心得體會的分享，透過這樣問答式的雙向溝通，你開始讓對方漸漸意識到：1. 自己不經意間的指責，掐滅了發現真相的可能；2. 因為根本不了解真相，所以解決方案更無蹤影。換句話說，讓經理意識到自己的問題，其實是關鍵的第一步。第二步才是利用「魚和熊掌可以兼得」的思維，引導至如何雙贏，也就是說：怎樣既能完成本職工作，又能表達員工關懷，同時還能做到不加班呢？順著這個高情商思路，很有可能就會找到「改善工作方法」的關鍵方案。這樣一來，員工既被認可了，能力也被提升了，敬業度顯然也就更上一層樓啦。

因此，高情商輔導的關鍵能力是「提問」，高情商的 HRD 首先需要透過提問讓管理者有意願被輔導，同時，引導對方意識到自己可改善的問題。然後，輔導管理者學會高情商的提問：1. 把「為什麼這麼做」疊代成「我相信你和我不一樣，也一定有你的道理，你願意分享一下嗎」這樣更有效的問題，從而開啟員工的心扉，讓彼此能夠進入深層的雙向溝通，而非以往表淺的單向告知。2. 學會真心為對方的動機點讚，要知道對方的觀點你可以不認同，但動機往往都是正面的，比如上述案例中小菜鳥的真實想法，你可以說：「太好了，原來你在表達員工關懷，真的很用心啊」。3. 再接下來，你可以嘗試面向未來提出一個雙贏的問題，比如：「我們要不要來看一下，怎樣可以既表達員工關懷，又不需要用加班的方式來完成你手頭的工作呢」。這三類高情商問題，讓管理者既能培養員工的能力，又能激發員工的熱情，而這樣的領導力怎不讓組織熠熠生輝呢？

【可 E 姐給你劃重點】

當下一次看到員工的行為不如你所期待的那一刻，你首先應該思考的是：我和他在工作內容的訊息傳遞上有沒有可能出現漏斗？其次，你可以思考的是：我是不是壓根不理解他的價值觀，或最起碼我不知道他的動機是什麼？

當你想去輔導經理的時候，請千萬記得：他此刻並不認為自己需要輔導，所以，你的開場白不需要繞彎，但也別直指他的問題，而是你需要先激發他想解決這個問題的欲望。

輔導管理者學會高情商的提問，把「為什麼這麼做」疊代成「我相信你和我不一樣，也一定有你的道理，你願意分享一下嗎」這樣更有效的問題，從而開啟員工的心扉，讓彼此能夠進入深層的雙向溝通，而非以往表淺的單向告知。

第八章

撬動情緒資源，推動全員敬業度

恭喜你進入本書的最末篇「敬業度」，而這個關鍵詞在本書可謂貫穿全程，它的第一次亮相是在「前言」，當時我介紹了它的定義，以及領導力與敬業度之間的關係，同時有這樣一句小結：高情商 HRD 能夠輔導管理層的領導力，加速企業內部的凝聚力，推動整體的敬業度，還坐擁 CEO 的支持。也由此，上一章我們重點解析了「HRD 如何推動組織領導力」的關鍵因素，那本章，我們繼續圍繞「敬業度」展開，剖析一下領導力以外的其他因素。

我之所以用「敬業度」做本書的首尾呼應，原因是什麼呢？因為情商這項軟技能最終落實並賦權的，就是 HRD 和 CEO 們共同關注的結果 —— 敬業度，所以，情商力可謂你的職場必備武器。

那麼，令無數 HRD 絞盡腦汁亦很難推動的敬業度，到底如何可以透過這項必備武器來提升呢？上一章的領導力顯然是關鍵因素之一，其二就是本章要突出的關鍵因素 —— 情緒資源。什麼是情緒資源呢？我分享一位專家在 2022 年跨年演講中的經典故事 —— 客服產業的「潛規則」，來體驗一下這個詞的魅力。

要知道在演講中，聽到專家一提到「客服」兩個字，我的耳朵就立刻豎了起來，畢竟，14 年的職業培訓生涯中，客服可是我的拿手菜呀，所以我十分感興趣他分享的這個故事。雖然聽完我發現他的切入點和我日常的正好相反，但其背後的精髓竟如此的一致。他的故事是這樣的：

「今年，一位客服專家講了一個產業祕密給我聽。當你不得不投訴的時候，怎麼打電話給客服才能達到自己的目的？教你一句話，就是對客服說『我知道你也很不容易，我的事情給你添麻煩了。』當你說出這句『咒語』，對面焦頭爛額的客服會立即『調轉槍口』、轉換立場，跟你站在同一陣線，拿出公司授權他做主的客服政策，全心全意幫你解決問題。」

我當時聽完以後的第一反應是：哈哈，太漂亮了，這就是一枚高情商的消費者呀！所以呢，這個故事的切入點是消費者，而我日常做培訓的切入點是客服，但事實上我們異曲同工之處在於：都在用高情商的同理心與對方進行同頻率的溝通。我日常培訓時會跟客服解析，為什麼「別著急，您慢慢說」這句話效果很糟糕，而高情商的開場白是「我知道您一定很著急，我會盡心為您解決」。你再來看，這個故事中，高情商消費者的開場白是「我知道你十分不容易，我的事情給你添麻煩了」，妥妥地站在對方的角度、表達對方的感受！價值何在？擊中對方的情緒，贏得對方的信任，然後好好說事，所以，情緒是一種資源，它能為結果提供價值。敲黑板：情緒資源的價值是，擊中對方的情緒，贏得對方的信任，問題便能迎刃而解。

因此，這個故事絕不僅僅是說明，消費者或客服應該如何高情商地為對方提供情緒價值，它更說明了怎樣的職場「潛規則」呢？借用專家演講中的原話作為本章開頭的結語：老闆們請注意了，不是你發給客服人員薪資，他就是你的人；事實上，誰提供他情緒價值，他就是誰的人；這個世界一直在犒賞那些，用情緒資源支撐他人的人。

如何從組織內部挖掘情緒資源

【請你帶著這些問題閱讀】

除了加薪和員工福利，還有哪些不花錢的方式，可以提供情緒價值？

在你的職業生涯中，一次記憶深刻、成就感滿滿的經歷是什麼？

你是否用情緒資源支撐過自己的下屬，那一份的體驗是怎樣的？

2020 年有一部非常棒的連續劇，其中一段兩分鐘、兩個人的畫面，雖只有一個人的臺詞，但感人至極。這個全程在說話的人，她是在 ICU（Intensive Care Unit，加護病房）裡身著防護服的軍醫；而沒有臺詞、但情緒和表情異常跌宕起伏的人，是一位插著管、無法說話、渾身扭動的重病患者。

「你千萬不要動啊，我跟你說，你現在剛插完管，這些不舒服都是正常的知道嗎？你一定要配合我們的工作，千萬不要再亂動了，這樣對你的恢復沒有好處，知道嗎？」但是病人還是痛苦地扭動著。

「老兵，我講一個故事給你聽好不好？」（他閉著眼微弱地點點頭）「你知道我為什麼要當兵嗎？都是因為你們。」（他微微睜開眼睛，身體不再扭動）「都是因為你們！大地震的時候，那時我還小，我那時候就每天看電視，隔著螢幕，我都能感受到他們的恐懼。」

病人的眼睛睜的更大了，看著醫生，而她的聲音開始有些顫抖：「你知道嗎？就是在這個時候，我看到一群穿著軍裝的叔叔衝了進來，衝進了災區，他們一個又一個人在石頭堆裡，把每一個人都救了出去。」（他一動不動地聽著，眼淚靜靜地滑落）「就是那個時候，我覺得你們全部都是英雄，英雄你知道嗎？不管有多危險，你們都沒有拋下任何一個人。就是從那個時候開始，我就決心我也要成為一名軍人。所以這次任務，我一直告訴自己一定要向你們學習，不能被這病毒打倒。」（他安靜地躺在病床上，眼淚繼續流淌著，嘴唇輕微顫動著）

醫生的情緒也越來越激動了：「你經歷過地震救援，那個時候你都沒有放棄，這次小小的病毒，你也不能放棄自己知道嗎？你一定要振作起來，不能放棄，我們也不會放棄你們任何一個人的，任何一個人我們都不會放棄的！」他平靜又激動地點了點頭。

醫生的第一段臺詞是最常見的就事論事：你要好好配合、不能亂動，但沒有效果；醫生之後的臺詞是不常見的情緒共鳴：當年我被你的地震救援激勵而從軍、現在我也會如你當年一樣而不放棄你，效果出奇的好，這就是用情緒資源支撐他人的驚人效用！

你看，醫生不但要輸出專業，還要輸出積極的情緒價值，那麼，作為管理者尤其是 HRD，在輸出專業管理的同時，是不是同樣也應該輸出情緒價值呢？

三色球探祕員工情緒的故事

「情緒資源」如此有價值，那麼，我們如何在組織內部做有效挖掘呢？再分享一個故事：有這麼一家公司，人不多但高層一直思考一件事，就是怎麼能讓員工上班的心情好一點？他們發給每個員工一袋玻璃球，玻璃球有三種顏色，分別是紅色、黃色和藍色。每天下班的時候，員工可以根據自己的心情，向本部門的瓶子裡投入一顆球。高興就投紅色的，一般就投黃色的，沮喪就投藍色的。全憑自願，也沒人會盯著看他投不投。第二天早上，高層發現哪個部門的藍色球比平時多，就會跟這個部門的主管談一談，看看發生了什麼，需要解決什麼。

據說就因為這麼一個小小的設計，公司的士氣一下子就高了很多，因為員工覺得公司真的是在關心人。以前所有的職場雞湯都是在教員工不要有情緒，要學會管理自己的情緒，好像有了情緒就不夠職業化，但這個動作，把管理更新到了對員工的情緒負責。敲黑板：員工有情緒不可怕，可怕的是，員工被要求不能有情緒！

我當時聽完這個故事，內心真的是在嘖嘖讚嘆啊！這家公司的 HRD 一定有非常高的情商，他非常清楚地知道情緒的價值，因為管理者越為員工的情緒負責，就越有機會將負面情緒的危機轉化為情緒資源，於是，士氣高昂的團隊自然會拿出漂亮的 KPI 成績單。這也佐證了之前我分享過的一個觀點，情商早就被管理學家譽為「企業的情緒生產力」，你還記得嗎？

因此，作為現在或未來的 HRD，你是否已啟動了「情緒資源」的思維按鈕呢？其實，「三色球」只是一種方式，關鍵點在於如何開始真正關注「人」的感受，畢竟，對敬業度 Q12 已不陌生的你，很清楚地知道 Q3 至 Q12 全都基於感受而設計，所以這再一次從理論的高度印證了感受，也就是情緒的價值。也許，你可以發起 HR 部門或跨部門的工作小組，主題就是「哪些方式是員工需要的關懷」，試試看，驚喜很有可能隨之而來……

企業要為員工的生存能力負責

員工需要被關懷，這當然是企業在為員工提供情緒價值，但「被關懷」不僅僅指的是嘘寒問暖和點讚認可，事實上，與員工的職業發展相關的話題也很重要，比如，當下的工作技能和未來的進步空間。勤業公司在 2021 年釋出的《全球人力資本趨勢報告》裡有一句提醒：企業要為員工的生存能力負責。要知道，這裡的「生存能力」不僅指的是在這家企業的生存能力，更是他在整個社會、乃至整個職業生涯裡的生存能力。因此，HRD 更應該思考這樣一個問題：如何為員工的生存能力負責？

據說，得到公司有一個「向下週報」的慣例，就是一個高情商的員工關懷範例。管理者要向員工做彙報，可不能敷衍了事地走流程吧，除了卯足了力氣與平行部門暗暗較勁以外，「本週我老人家又協助大家解決了哪些問題」必然是一個躲不開的話題！所以，當管理者開始關注「協助員工解決問題」這個點，他們其實就在為員工與職位技能相關的生存能力負責。

另一家在「員工生存能力」方面同樣負責、甚至更操心的公司，當屬國外一知名火鍋集團了，他們不光關注員工在火鍋店內的職業技能和管理路徑的發展，連火鍋店外的生活起居都照顧得淋漓盡致。最讓我感動的是，HR 會專門安排一堂課，教員工們在大城市如何坐捷運、儲值，他們不希望來自其他鄉鎮的員工，因為不懂得大城市的規矩而遭人白眼，他們在各個細節為員工提供情緒價值。

那麼，我作為非人力資源專業的情商導師，給 HR 夥伴們的建議是什麼呢？請更加關注員工在職位技能以外的、與通用技能相關的生存能力，比如通用技能中的情緒力和溝通力，決定著員工每一刻真實的情緒狀態。HRD 又如何能有效支持員工呢？尤其是，當員工內心翻江倒海卻不敢向上表達時，他們往往有一種「生不如死」的感受，所以，「艱難時刻的合理表達」，這幾乎是所有職場人的關鍵生存能力。

向下管理篇 —— 年末談話之員工篇

年末談話可謂每個職場人的重頭戲，在第四章「向下管理」中，我的切入點是管理者，現在我必須切換一個角度：如果管理者的情商原地踏步，那麼，年末談話中一肚子不爽的員工，是否有能力逆襲談話呢？我相信 95% 以上的員工都不具備這樣的能力，大部分人要麼委屈著自己、默默離開老闆的辦公室，要麼炒了老闆、英勇就義般地離開公司。所以，什麼樣的合理表達是 HRD 應該教會員工的關鍵生存能力呢？

◆ 1、高情商應對工作負評

如果在年末談話中，老闆基本都在給負評，請這樣回應：「老闆，聽到這我有點驚訝，我感覺這一年以來您對我的工作相當不滿，是這樣嗎？」很有可能員工會聽到老闆的回饋是「也不是啊，其實你在……方面還不錯」，如此，員工有機會獲得一個更全面的評價，因為很多管理者都沒有訓練過情商力，他們往往認為「好的不需要說，這是應該的嘛，要說的都是需要提升的」。當然，員工也有可能聽到的回饋與之相反，那麼，就更應該好好跟老闆聊聊如何提升相關能力。說出自己的感受和原因，這樣的溝通遠比憋著不說要有效的多，但 HRD 們請記得，95% 以上的員工的這項能力都是缺失的。

◆ 2、高情商應對模稜兩可

如果員工提升遷加薪，而老闆的回饋是：「嗯，你說的很好，我也覺得你很不錯，但是呢……」這時候，員工多半就不吭聲了，因為此刻員工的解讀是「沒戲了」。但其實完全可以做一個高情商的表達：「老闆，剛才您說的 A 和 B，好像是對我的不滿，我聽完有點失落的，所以我想跟您確認一下，您說的這兩點，是想表達對我晉升需求的否定，還是對我這個晉升目標的期望值呢？」

包括「向下管理」中的那個案例，老闆給了一系列靈魂拷問，直到員工說「我回去思考一下」，其實，這位員工根本不知道從何思考，他唯一的感受就是：老闆不斷問我如何確保自己可以在現有職位，就是要開除我啊！但其實，他可以勇敢地表達出來：「老闆，聽到您兩次以上問我這個問題，我真的很忐忑，我感覺您似乎覺得我不怎麼勝任現有職位，所以我想跟您確認一下，您是這個意思嗎？」

說出自己的感受並與對方確認自己的理解，這就是合理表達情緒，而這項勇氣和能力，真正掌握的人寥寥無幾，很多人都會陷入情緒耗損，表面上風輕雲淡，內心卻波瀾起伏，其結果就是效率低下、甚至頻頻出錯。所以，這就是 HRD 應該推動員工所具備的關鍵生存能力，也是為員工的職業發展所提供的情緒資源。

【可 E 姐給你劃重點】

管理者越為員工的情緒負責，就越有機會將負面情緒的危機轉化為情緒資源，於是，士氣高昂的團隊自然會拿出漂亮的 KPI 成績單。

與通用技能相關的生存能力，HRD 又如何能有效支持員工呢？尤其是，當員工內心翻江倒海卻不敢向上表達時，他們往往有一種「生不如死」的感受，所以，「艱難時刻的合理表達」幾乎是所有職場人的關鍵生存能力。

說出自己的感受並與對方確認自己的理解，這就是合理表達情緒，而這項勇氣和能力，真正掌握的人寥寥無幾，很多人都會陷入情緒內耗，表面上風輕雲淡，內心卻波瀾起伏，其結果就是效率低下、甚至頻頻出錯。

如何從敬業度 Q12 撬動情緒資源

【請你帶著這些問題閱讀】

如果你作為員工參與敬業度 Q12 的問卷，你預估自己的平均值能有多少分？

《2019 勤業全球人力資本趨勢報告》中，你猜全球低敬業度百分比是多少？

敬業度這件事除了讓管理者和組織買單，你覺得還有哪些方式能有效推動？

以前很流行一個詞：主角精神，後來慢慢淡出我們的腦海，因為它曾經高頻率地出現在各類主管們的報告中，但其實它完全可以不僅停留於報告中的口號，說白了，分內的事搶著做、分外的事也願意做，這就是高敬業度的表現。但事實是，據《2019 勤業全球人力資本趨勢報告》調查數據顯示，全球 85% 的員工不敬業度或非常不敬業，這個數字與 2013 蓋洛普的全球 13% 高敬業度可謂如出一轍。

還有幾個扎心的數據必須和 HR 夥伴分享，勤業的報告中還顯示，只有 5% 的受訪者認為他們的人力資源部門很好地滿足了全職員工的需求，只有 32% 的受訪者認為員工有機會在不同部門間流動，45% 的受訪者表示員工難以獲得公司內部的空缺職位，而 46% 的受訪者認為管理者會牴觸內部人才流動，同時，只有 6% 的企業表示他們認為自己非常善於幫助員工進行內部轉職。

杜拉克說：人不是工具，人是目的。但很多企業卻將員工錨定為提升敬業度的工具，所以，如本書前序的相關章節所述，只有管理者和組織真正傾聽員工的心聲，才是員工敬業度真正得到提升的時刻。當然，最後章節，我作為情商導師將會翻轉視角，用一個全新的角度撬動敬業度。

之前解析的敬業度 Q12，我是從管理者角度出發而設計的，我堅定不移地認為：管理者的領導力與員工的敬業度正相關。但是這並不意味著員工無需買單，客觀地說，組織內部的任何人都應該為敬業度負責，這也是我在非管理層培訓中的一個切入點，很多 HRM 和 HRD 後來回饋我說「這個角度更加耳目一新」哦！

全員敬業度培訓時的情商切入點

1. 我知道工作對我的要求嗎？
2. 我有做好我的工作所需要的資料和設備嗎？
3. 在工作中，我每天都有機會做我最擅長做的事嗎？
4. 在過去的六天裡，我因工作出色而受到表揚嗎？
5. 我覺得我的主管或同事關心我的個人情況嗎？
6. 工作職位有人鼓勵我的發展嗎？
7. 在工作中，我覺得我的意見受到重視嗎？
8. 公司的使命目標使我覺得我的工作重要嗎？
9. 我的同事們致力於高品質的工作嗎？
10. 我在工作職位有一個談得來的朋友嗎？
11. 在過去的六個月內，工作職位有人和我談及我的進步嗎？
12. 過去一年裡，我在工作中有機會學習和成長嗎？

員工心聲的背後

伯樂少～
你當真是千里馬？
不敬業～
都是管理層的錯？

員工篇

全員培訓時，我仍然會先從領導力和敬業度正相關的角度進行梳理，此時必然會得到員工們的一致認同：老師說的太對了，管理者就是應該為敬業度買單！不過，我也會丟擲另外一個問題：敬業度低真的都是管理層的錯嗎？於是，我再次深入剖析敬業度 Q12 中的兩個問題，瞬間就讓全員獲得不一般的啟發。

Q3：在工作中，我每天都有機會做我最擅長做的事嗎？

顯然，站在員工的角度都非常希望得到高分，畢竟，每個人最理想的職業狀態，就是做自己喜歡又擅長的事。這個觀點得到大家的認同後，我會提出這樣的兩個問題：1. 你知道自己喜歡又擅長做什麼嗎？ 2. 如果你知道自己的擅長點，請問你有沒有秀給老闆看呢？

第一個問題多半會令絕大多數的員工沉默，為什麼呢？以我過往與諸多職場人互動的經驗，我發現大部分人都知道自己不喜歡、不擅長做什麼，但自己喜歡、擅長的是什麼，高機率是不知道的。因此，我常常追問學員一個更扎心的問題：如果你自己都不知道喜歡或擅長做什麼，那你的老闆又憑什麼知道呢？

至於第二個問題更會是一片沉默，隨即一個更重要的啟發是：很多人都感嘆自己是一匹沒有遇到伯樂的千里馬，但管理者更感慨的是：這個世界上也沒幾匹千里馬讓我發現呀！

所以，單單 Q3 這一個問題，你此刻會發現，對管理者和員工來說分別應該捫心自問的問題是不一樣的：1. 於管理者而言，每個人都知道應該知人善任，但這四個字的前提是：清晰地了解並欣賞員工，而這一關，坦白說已經刷掉了 80% 的管理者。2. 於員工而言的意義同樣重要，因為發現自己的所長，並非管理者單方面的責任，請用積極的眼光尋找並展示自己的長項，而非用抱怨來躺平。

Q7：在工作中，我覺得我的意見受到重視嗎？

每一個職場人都很希望得到重視，所以當自己的意見不被重視時，本能就會很沮喪，認為管理者聽不進意見就是一言堂。坦白說，從我個人角度是認同的，所以，在情商領導力的培訓中，我的重點就是讓管理者提升聆聽、點讚、異議處理和化解分歧的能力。但是反過來，在全員培訓中，我會問大家這樣一個問題：如果你的意見沒有受到老闆的重視，這是不是說明你提意見的方式值得改進呢？

順著這個靈魂拷問，我們往往會剖析現場的實際案例，最後，大家會得到一個啟發：員工總是認為管理者應該有格局、有氣度，所以不用管你有沒有情緒、也別介意我用什麼樣的方式，總之，我的意見提的對，老闆你就應該重視或採納，而你現在不重視，那只能說明你太小氣、沒格局！

哈哈，這個推論過程看似沒毛病，但實則有一個大毛病：你的意見提的對，但方式讓你老闆很不爽，那他就不願意採納，因為他和你都是普通的正常人，而正常人多半都會受到情緒的干擾，這就是人性！

因此，當員工開始意識到自己常常對管理者有著不合理的期待，他們才真正願意改變，期待自己擁有「敢說不得罪人」的能力。如此一來，員工有能力表達和管理者不一樣的想法，但又不會破壞與他的關係，這樣，即便管理者的情商原地踏步，但員工因情商力的提升而倍增了採納率和重視度，如此，敬業度完全可以由員工親手開啟正循環，而非坐等管理者來啟動按鈕。

高情商 HRD 如何撬動情緒資源

即將進入閱讀的尾聲，不知道此刻的你，內心有哪些感受，我猜想可能有些錯綜複雜，我真不敢說你有醍醐灌頂的感覺，但高情商視角的新啟發一定會有，因此，作為現在或未來的 HRD，你如何推動組織的敬業度呢？還是那句話，無需將 Q12 做內部調查，但卻值得引發每一個人從自己的角度去思考，敬業度很高機率得分不高，到底說明了自己應該如何去做改善。比如，站在管理者的角度，需要思考的是，如果某一題的分數不高，說明自己應該提升哪方面的領導力；作為員工需要思考的是，自己應該如何去高情商地展現自己，而非阿諛奉承式地巴結上司，從而更容易獲得自己真正想要的賞識、認可、關心和重視。

◆ 案例背景

我的一位私教學員是某集團公司的市場部總監，2021 年的 10 月底，他向我緊急求助：老師，今晚得臨時約您一次輔導，因為下午我被老闆趕出了會議室！於是，深夜 23：00，我在計程車上和他開展了對話：

「老闆當時的原話是『你們兩個出去，我不想跟你們開會了，你們惹得我非常不高興』，『你們兩個』指的是我和事業部總經理，他怎麼惹怒老闆了，其實我不清楚，因為我有一個客戶電話晚進了會議室，可是我們是在討論策略、討論策略啊，她居然讓我們兩個最核心的人出去了。我本以為緩一緩，老闆就會讓我們進去，結果一小時後散會了。你看，我老闆是不是真的很情緒化？」

「這麼聽上去她確實挺情緒化的，不過我更能理解你的鬱悶，那你跟我說說，你是因為什麼被趕出去的呀。」

「老闆吧，出去聽了一個課程，然後就突發奇想說，『你們市場部應該對品牌負責，以後每個品牌的折扣率應該由你們來監控。』我心想：開什麼玩笑，各個品牌的折扣率和促銷活動，都是業務部門自己來定的，我們市場部只是後勤部門好不好？所以我就說，『市場對品牌的折扣率負責有一定的道理，但是 KPI 的考核還是應該跟職能與權責部門掛鉤。』哎，她一聽就炸了！」

◆ 案例解析

老闆為什麼就爆炸了呢？「市場對品牌的折扣率負責有一定的道理，但是 KPI 的考核還是應該跟職能與權責部門掛鉤」，這句話的潛臺詞就是，「品牌折扣率」這個職能不屬於市場部、市場部也沒有這個權責，所以，這項 KPI 請不要與我有關！這麼看來，老闆不怒似乎都奇怪啊。

我當時跟他解析：「『但是』這個詞特別容易點燃他人，尤其是你老闆這種易燃易爆型，我概括一下你說的話，『老闆妳說的對，但是，什麼、什麼是不對的』，那你老闆聽到的是不是你拍死了她？而且，她聽完你的話會有一種踢皮球的感覺，所以在溝通中，你得察覺到哪一些會點燃別人，也就是你要對情緒變得敏銳。」

他非常認同並好奇地問我，到底應該怎麼調整溝通方式，但我卻賣了個關子，問他：「你有沒有發現自己面對老闆時，特別容易有情緒呢？」

「對啊，我為什麼總是很容易跟老闆槓上，但跟同級和下屬卻不太會呢？」

「哈哈，那是因為你覺得老闆壓根不懂市場，卻總是來指手畫腳，尤其是一出去聽課就回來搞我們，對不對？」

「哈哈哈，老師，妳簡直就是說出了我的心聲啊！」

「所以啊，調整溝通之前一定是先調整情緒，首先，如果老闆很懂市場，那她為什麼還需要你呢？其次，她指手畫腳因為什麼？是對你不信任，還是更多因為集團擴張而壓力山大？」

順著這個問題，他表達了很多對老闆的理解甚至讚賞，畢竟，50 多歲的女性掌管著諸多子公司的集團，仍保持旺盛的學習力多不容易啊！最後，我跟他分享了高情商溝通方式：

「關於市場對品牌的折扣率負責，我的第一反應是，如果市場部要來規劃各個品牌的折扣，那我其實已經插手到每個品牌的業務了，但是從專業的角度，我覺得是有道理的，所以如果要讓市場部來負責的話，那很有可能公司從大的方向上，也就是前端業務部和後端市場部的職權劃分，要做一些新的討論。老闆，您認為呢？」

他聽完驚呼：「天吶，這段話太精準了，而且感覺完全不一樣！這麼說的話老闆肯定不會生氣，我知道什麼是先抑後揚的『但是』啦。」

◆ 案例小結

我最後提醒他：「你知道嗎，不管你是對老闆還是對同事，其實那樣的說話方式都很容易引發情緒的衝突，因為『過招』的時候聽來聽去，就是你不認同我、我也不認同你，反正我們都不認同彼此，所以，除了『槓』似乎別無選擇。」

那麼，這個案例與本節的重點，尤其是敬業度 Q7 的關聯，顯而易見的就是：意見不被重視，既是上司的問題，也是下屬的問題。猶如市場部總監和老闆的衝突，上司的問題是太情緒化而聽不進不同意見，下屬的問題是直言不諱地拍死了老闆，所以，高情商可以令任何一方啟動正循環而帶來雙贏的結果，這也是 HRD 未來發現問題，並能夠推動雙方進行的自我提升，而所有的這些改變都源於你撬動了情緒資源 —— 要麼主動調整而不被情緒所困，要麼對情緒敏銳而不困住他人。

你看，這樣帶動大家都從自己的角度去思考問題，並找到各自的提升空間，不再如以往一樣，要麼抱怨員工不夠力，要麼抱怨上司不豁達，那麼，敬業度 Q12 就有機會讓每一個人為自己負責。其實，Q12 的每一個問題都是從情緒角度出發，針對員工的感受而倒推他們工作的狀態，所以，當 HRD 不再只關注於事件，而更將情緒視為一種資源並雙向去撬動它，它就會為組織創造驚人的價值。

【可 E 姐給你劃重點】

員工總是認為管理者應該有格局、有氣度，所以不用管你有沒有情緒、也別介意我用什麼樣的方式，總之，我的意見提的對，老闆你就應該重視或採納！但是對不起：你的意見提的對，但方式讓你老闆很不爽，那他就不願意採納，因為他和你都是普通的正常人，而正常人多半都會受到情緒的干擾，這就是人性！

其實，Q12 的每一個問題都是從情緒角度出發，針對員工的感受而倒推他們工作的狀態，所以，當 HRD 不再只關注於事件，而更將情緒視為一種資源，那麼，你雙向去撬動它，它就會為組織創造驚人的價值。

結語

一位 HRD 的職場心得

我身邊有這樣一位外商企業的 HRD，她擁有 18 年的 HR 職業歷程，從默默無聞地「歪打正著」，到功成名就地「退隱江湖」，靠的就是情商力的一路「打怪升級」。她的第一份與 HR 沾上邊的工作是內部雜誌，也就是企業文化的梳理，漸漸地開始接觸招募、薪酬、內部授課和員工關係等工作專案。穩坐 HRD 已有 8 年，眼看就能晉升亞太區 HRD 了，她卻於 2021 年中離職，選擇了回歸家庭一段時間再整裝待發。

她職業歷程真正的轉捩點，是 2008 年去英國進修了人力資源的碩士學位，但重點不是英國，也不是碩士，用她的原話來說就是：「以前我只關注如何把事做好、令老闆滿意，但這之後我開始關注人，更重要的是，每個人在企業內部的生存狀況。以前我很霸道，也就是別人說的一言堂，但後來我慢慢開始變得柔和，現在他們說我很有親和力。」

我相當欣賞她說的「生存狀況」，這其間蘊含了很多與員工情緒有關的畫面，若用敬業度標準定義的兩個關鍵字解釋，一是智力，二是情緒，而在企業內部，最難掌控的就是員工的情緒，所以，當她開始關注人以後，她越來越重視的就是每一個人的情緒狀態：全員是否都獲得了充分的工作條件、有效的工作技能、良好的人際關係、持續被激勵的氛圍、螺旋式上升的成長空間……

我也期待這本書，在這些層面能給你足夠多的啟發，讓你有動力、有方法地賦權組織中管理層的情商領導力，並撬動情緒資源來提高全員的敬業度。

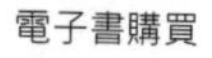

國家圖書館出版品預行編目資料

高情商 HR 的底層邏輯：從基礎溝通到進階領導，讓你從管理階層脫穎而出，實現職場巔峰 / 王萍著 . -- 第一版 . -- 臺北市：樂律文化事業有限公司, 2024.07
面；　公分
POD 版
ISBN 978-626-98810-4-8(平裝)
1.CST: 人力資源管理 2.CST: 職場成功法
494.3　　113009881

高情商 HR 的底層邏輯：從基礎溝通到進階領導，讓你從管理階層脫穎而出，實現職場巔峰

作　　者：王萍
責任編輯：高惠娟
發 行 人：黃振庭
出 版 者：樂律文化事業有限公司
發 行 者：崧博出版事業有限公司
E-mail：sonbookservice@gmail.com
粉 絲 頁：https://www.facebook.com/sonbookss/
網　　址：https://sonbook.net/
地　　址：台北市中正區重慶南路一段 61 號 8 樓
8F., No.61, Sec. 1, Chongqing S. Rd., Zhongzheng Dist., Taipei City 100, Taiwan
電　　話：(02) 2370-3310　　傳　　真：(02) 2388-1990
律師顧問：廣華律師事務所 張珮琦律師
定　　價：350 元
發行日期：2024 年 07 月第一版
◎本書以 POD 印製
Design Assets from Freepik.com